高素质农民培训系列教材

农业高质量发展的创新实践

陈展鹏　朱凤娥　胡建伟　等　编著

U0272334

中国农业科学技术出版社

图书在版编目（CIP）数据

农业高质量发展的创新实践／陈展鹏等编著. —北京：中国农业科学技术出版社，2020.1

ISBN 978-7-5116-4652-1

Ⅰ.①农…　Ⅱ.①陈…　Ⅲ.①农民-创业-研究-黄冈　Ⅳ.①F323.6

中国版本图书馆 CIP 数据核字（2020）第 045889 号

责任编辑	崔改泵　张诗瑶
责任校对	贾海霞
出 版 者	中国农业科学技术出版社
	北京市中关村南大街 12 号　邮编：100081
电　话	（010）82109194（编辑室）　（010）82109702（发行部）
	（010）82109709（读者服务部）
传　真	（010）82106631
网　址	http://www. castp. cn
经 销 者	各地新华书店
印 刷 者	北京富泰印刷有限责任公司
开　本	880 mm×1 230 mm　1/32
印　张	5.5
字　数	164 千字
版　次	2020 年 1 月第 1 版　2020 年 1 月第 1 次印刷
定　价	58.00 元

《农业高质量发展的创新实践》
编著委员会

主 编 著：陈展鹏　朱凤娥　胡建伟

副主编著：邱建国　涂军明　蔡正军　叶大军
　　　　　卢华平　陈中建　倪德华

编 著 者：祝四海　丛丽娟　胡孝明　陈明新
　　　　　常海滨　李兴华　吕锐玲　闫　良
　　　　　徐丽荣　葛长军　陈　杰　王明辉
　　　　　陶　虎　杨　俊　陈　青　蔡　明

编撰单位：黄冈市委组织部
　　　　　黄冈市科学技术协会
　　　　　黄冈市农业科学院
　　　　　黄冈师范学院
　　　　　黄冈日报社

前　言

　　乡村振兴，产业先行，产业发展，科技为魂。近年来，湖北省黄冈市委市政府始终把实施乡村振兴战略作为"三农"工作的总抓手，连续两年制订了能人回乡创业"千人计划"，旨在通过能人的思想、资本、管理、市场等资源，带动农村产业振兴，带动农民脱贫致富，带动现代农业健康发展。可"能人"回来究竟干什么、怎么干、如何持续产生效益实现稳定发展，一直是制约"能人"回乡的瓶颈性问题。

　　黄冈市农业农村局、黄冈市委组织部、黄冈市科学技术协会联合黄冈市农业科学院编写的《农业高质量发展的创新实践》一书，列出了12项黄冈市最新的农业科研成果转化项目，这些项目科技含量高、经济效益高、标准化程度高、产品质量好、市场前景好、生态保护好，非常适合在黄冈市适宜的地方开发推广。回乡创业能人只需要选择其中一个或几个项目，就能解决回乡干什么，怎么长期干下去的问题。书中的每个项目从立项条件、产业现状、成功案例、品种选择、加工方向、投资规划、风险评估、品牌建设和产业定位等十几个方面阐述了产业发展各个环节的核心要素和工作重点，读起来通俗易懂，学起来深入浅出，做起来得心应手。虽然没有农业高质量发展的深奥理论，却展示了农业高质量发展的创新实践。特别是在破解长期以来困扰黄冈市农业发展的冬季生产缺效益（冬闲田）、秸秆综合利用缺途径，面源污染治理缺办法的难题上，依靠科技进步，从源头上找到了解决的措施和对策，对下一步的农业产业结构调整、能人回乡创业兴业、后脱贫时代产业巩固和乡村振兴战略实施都具有较高的实用价值。

　　黄冈市能人回乡创业已形成春潮涌动、生机盎然的景象，希望能给黄冈市从事农业农村工作和脱贫攻坚工作的各级党政领导和同志们提供借鉴，把新时代农业农村工作和脱贫攻坚工作的理论与实践有机结合起来，走出一条具有黄冈市特色的乡村产业振兴之路；希望该书总结的项目和项目的科技团队为回乡创业的"能人"提供有益的创业参考和有效的科技支撑。

编著者

2019 年 11 月

CONTENTS **目录**

稻蛙鳅鱼
高效绿色立体种养项目

李兴华

　　稻蛙鳅鱼高效绿色立体种养属于一种稻田种养结合的农业生产新模式，即在稻田自然生态环境下，在稻田中养殖蛙、鳅和鱼并种植一季中稻，在水稻种植期间，蛙、鳅和鱼与水稻同生共长，全程开展病虫草害绿色综合防控，不施农药和除草剂，不施化肥或化肥减施60%，实现种养复合的高效绿色立体农业模式。对实现农业绿色发展，推进农业供给侧结构性改革，助力乡村振兴具有十分重要的意义。

稻蛙鳅鱼高效绿色立体种养田间表现

1 立项条件

1.1 环境幽静良好、远离污染源

场地应与车辆较多的公路保持距离，虽然青蛙的听觉退化了，其对声音基本不产生反应，但对于像汽车经过这样比较剧烈的地面震动，往往会影响青蛙的生长速度，拉长养殖周期，增加养殖成本。场地还应远离有粉尘污染的工厂，一些受重金属污染过的水源、地块也不能选用。

1.2 地势较高、平坦开阔、背风向阳

地势较低的地方，夏季暴雨洪水期间，如果洪水将场地淹没，即使不导致蛙、鳅和鱼逃跑，也会使蛙因抢占陆地而挤压，造成死亡。

1.3 土壤底质自然结构，不含沙土、保水性能好

一般选择稻田作为场地，若是种植玉米等作物的旱地，就必须要充分估计其是否可以蓄水，虽然对于不能保证蓄水的场地，通过一定的处理也可以达到蓄水的目的，但会增加场地建设的成本。

1.4 水源充足、排灌方便、水质良好

场地附近最好有河流、水库或比较丰富的地下水，且要确保该地下水可以用来养鱼，对于矿物质超标（曝气后水面出现红色浮沫等）的水，则最好不要使用。排灌方便，要求进水便利，排水顺畅，确保抗旱排涝。

1.5 要有可靠的电力供应保障，且要远离自然灾害频发的地方

最好备有 380V 三相电源，以方便充氧、补水、换水等。

2 产业现状

我国稻田种养历时已久，早在 2 000 多年前稻田养鱼已在陕西、四川盛行。改革开放以来，尤其是党的十七大（2007 年）以后，随着我国农村土地流转政策不断明确，农业产业化步伐加快，稻田规模化经营成为可能。自此，在总结以往稻田养殖经验的基础

上，探索了稻-鱼、稻-蟹、稻-虾、稻-鳖、稻-鳅等新模式，涌现出一大批以水稻为中心、特种水产经济品种为带动，以标准化生产、规模化开发、产业化经营为特征的千亩甚至万亩连片的稻田综合种养典型，取得了显著的经济效益、社会效益和生态效益，得到了各地政府的高度重视和农民的积极响应。这为发展具有"稳粮、促渔、增效、提质、生态"等多方面功能的现代农业新模式奠定了基础。

蛙类养殖在我国也有悠久的历史，最开始养殖的蛙类有美国牛蛙、石蛙（棘胸蛙）和林蛙。但由于牛蛙的消费群体减少，产量大幅提升，价格波动大盈利不稳定，养殖面积逐年减少；石蛙和林蛙受制于养殖环境特殊性，养殖量非常少，整个蛙类养殖产业发展逐步降低。2009 年有人开始尝试黑斑侧褶蛙等蛙类的养殖，采用的是活饵投喂，由于驯食难度大、饵料成本高和投饵技术不完善等导致发展受阻。直到 2014 年使用人工配合饲料驯化养殖青蛙成功，之后随着饲料配方的不断优化，青蛙养殖产业发展有了很大的提高。2018 年全国发展青蛙养殖总面积约 6 万多亩（1 亩 $\approx 667m^2$，15 亩 = 1hm^2，全书同），发展面积较大的省（市）有湖北省（2 万亩）、湖南省（1.2 万亩）、四川省（1.1 万亩）、江西省（0.6 万亩）和重庆市（0.4 万亩），按每亩平均产量 1 000kg 左右计算，2018 年全国青蛙全年产量 5 万~6 万 t。有人粗略调查发现，在青蛙销售旺季（5—8 月），仅重庆主城地区每天消费量在 20t 以上，可见，目前人工养殖青蛙远远无法满足市场需求。

稻蛙鳅鱼高效绿色立体种养项目打破了粮食生产的单一方式，做到了"一地两用"，即种植、养殖相结合，也做到了"一季四收"，即收获绿色优质稻米、鲜美青蛙、生态鱼、环保鳅。我国水稻种植面积 4.5 亿亩，发展稻田综合种养具备资源优势，稻蛙鳅鱼高效绿色立体种养项目发展潜力巨大。

黄冈市农业科学院先后与湖北业丰生态农业科技有限公司和湖北三夫生态农业科技有限公司在团风县梅家墩村黄冈市现代农业科技示范园和麻城市白果镇打造了 100 亩和 200 亩稻蛙鳅鱼高效绿色立体种养项目示范样板，辐射带动该项目在周边乡村及县市发展。

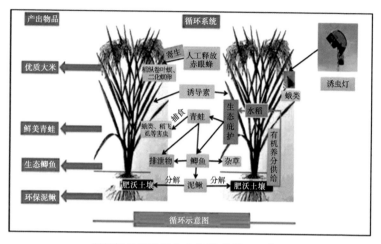

稻蛙鳅鱼高效绿色立体种养循环示意图

3 品种选择

3.1 水稻

水稻品种选择通过国家（含湖北区域）或湖北省审定，米质达到国标 3 级以上，生育期 130~140d 的高产、优质、抗病抗倒、株型紧凑的品种，如广两优 15、晶两优华占、广两优 476 或米质更优的品种。

3.2 青蛙

青蛙品种选择适应性强、成活率高、活动能力强的品种，如黑斑蛙或虎纹蛙。

3.3 泥鳅

依据当地市场需求，泥鳅品种选择养殖周期短（从水花苗养殖到上市销售一般 3~5 个月的时间）、适应性广、抗病力强、成活率高的品种，如台湾泥鳅、大鳞副泥鳅、刺泥鳅等。

3.4 鱼

鱼品种选择分布在水域中上层、经济价值较高的品种，如有

"水中清道夫"雅称的胖头鱼、稻花鱼。

4 关键技术

稻蛙鳅鱼高效绿色立体种养项目的实施需要青蛙养殖技术、泥鳅养殖技术、鱼养殖技术和水稻种植技术等。该项目的核心技术是青蛙、泥鳅和鱼养殖技术，关键点在于通过掌握青蛙自繁自育（即孵化、培育等）技术，最大限度地降低引种成本，以利于迅速扩大规模。其关键技术主要有以下七个方面。

第一，定期消毒。稻田整改前后及稻蛙鳅鱼正常生长期间，要定期进行消毒。

第二，合理放养。每亩投放 100~150 块青蛙卵块或 10 万~15 万尾蝌蚪或 5 万~6 万只幼蛙、5 000~8 000 尾泥鳅苗和 200 尾鱼苗。

第三，强化青蛙驯养（驯食）。幼蛙期是青蛙驯食的最佳时机，应采取必要措施迫使幼蛙上岸进食，如适当减少水域面积，保持水深 40~50cm 为宜，除尽池中水草及岸边杂草等。

第四，科学投喂与施肥。青蛙、泥鳅、鱼除了在田间捕食害虫或杂草外，还要加强营养，才能如期达到上市规格，水稻生长同样需要肥料。但要避免饲料和肥料过少投入，不能补足水稻和青蛙、泥鳅、鱼收获带走的养分，会造成养分不平衡或某些养分的过度消耗；也要避免饲料和肥料过量投入，饲料和肥料大量剩余流入水体，造成水体富营养化。

第五，水质管控。养鱼先养水，稻田养蛙鳅鱼，更应加强对水质的监测和控制。一般而言，青蛙、泥鳅和鱼对水质的要求趋于一致。水位要稳定保持在 40cm，盛夏时水位要至少高出水稻根部 5cm，每 5d 交换一部分水量。水要肥、活、嫩、爽，水体透明度保持在 25~30cm，肥而不腐，颜色呈现黄绿色为佳。要定期对 pH 值进行检测，当 pH 值大于 8 或小于 6.5 时，要及时平衡 pH 值。还要注意铵盐、亚硝酸盐等的含量。

第六，病虫害预防。水稻重点防治好稻蓟马、螟虫、稻飞虱和稻纵卷叶螟等害虫及纹枯病、稻瘟病和稻曲病等病害；青蛙重点防治好车轮虫、毛细线虫和隐鞭虫等寄生虫及红腿病（出血病）、歪头病、爱德华氏病、腐皮症和肠炎等疾病；泥鳅重点防治好寄生虫病、气泡病、赤鳍病和打印病等；鱼重点防治好赤皮病、烂鳃病和肠炎等。

第七，蛙苗自繁。蛙苗自繁主要包括种蛙挑选与留存、越冬前管理（如创造越冬场所、投足饵料等）、越冬期管理和产卵期管理。

5 加工方向

5.1 水稻

水稻生产要注重生态、绿色、优质。稻米精美包装，走高端市场，稻米加工过程中产生的米糠，可用来复配饲料或生产米糠油。

5.2 青蛙

5.2.1 蛙肉

青蛙肉质细嫩，味道鲜美，口感极佳，其脂肪少、糖分低，富含蛋白质、碳水化合物、钙、磷、铁、维生素 A、B 族维生素、维生素 C 及烟酸、肌酸和肌肽等营养成分，其肉制品极受国际市场欢迎，特别在香港及东南亚地区享有极高的声誉，销售价格昂贵。可做成干产品（青蛙整体或分割体进行干燥的初加工产品）、冷冻产品（青蛙去皮肤和内脏后，整体或分割体再进行冷冻的初加工产品）、休闲食品、航天食品、熟食和罐头等。

5.2.2 蛙油

蛙油的主要有效成分为蛙醇，具有"补肾益精、润肺养阴"的功效，专治肾虚气弱、精力耗损、记忆力减退、妇产出血，产后缺乳及神经衰弱等症，被古今医学专家视为国宝、补品之王。其次，蛙油经过深加工以后可以制作出高档的菜品。再者，蛙油经提炼后，也是精密仪器的高级润滑油，通常被用于航天、航海和精密电子等。

5.2.3 蛙皮

蛙皮柔软、光滑、富有弹性，是制作皮具用品的原料，通常被用来加工制革和炼制皮胶。此外，蛙皮分泌物具有重要的药物开发价值，可以制造蟾酥，是多种药物的原料，有止血、消炎、排毒和消肿的功效。

5.2.4 蛙头、骨骼和内脏

青蛙作为食品来说，可食部分较低的蛙头、骨骼和内脏经过深加工以后可成为家禽饲料、鱼饲料及其他特种养殖的优质饲料。

5.3 鳅和鱼

稻蛙鳅鱼高效绿色立体种养项目中鳅和鱼属于附加产品，注重生态和环保，目前，国内鳅和鱼的加工产品已有诸多成熟的样本可以参考，也可作为食品原材料供应给特色餐饮及大型商超等高端市场。

稻蛙鳅鱼高效绿色立体种养产品展示（部分）

6 投资规划

稻蛙鳅鱼高效绿色立体种养项目属于高投入项目，第 1 年要投入 21 875 元/亩，第 2 年起投入降低，17 775 元/亩，具体投入如下。

6.1 稻田改造

机械、人工开沟 3 600 元/亩，材料费（网片、食台和彩钢瓦等）3 000 元/亩，人工安装网片和彩钢瓦等 1 800 元/亩，共计 8 400 元/亩。固定设施按 10 年算，每年平均分摊 840 元/亩，加设施折旧、补修和食台安装等 960 元/亩，每年 1 800 元/亩。

6.2 种子、种苗

第 1 年，水稻种子 1kg/亩，单价 35 元/kg，合计 70 元/亩；青蛙种苗（蝌蚪）15 万尾/亩，单价 0.03 元/尾，合计 4 500 元/亩；泥鳅苗 8 000 尾/亩，单价 0.03 元/尾，合计 240 元/亩；鱼苗 200 尾，单价 1.5 元/尾，合计 300 元/亩；四项共计 5 110 元/亩。第 2 年起，青蛙种苗（蝌蚪）可以自繁，费用降低，约 400 元/亩，水稻种子、泥鳅苗、鱼苗费用不变，四项共计 1 010 元/亩。

6.3 饲料、水产药品

饲喂青蛙剩余的饲料可作为泥鳅和鱼的饲料，水底杂草以及水面的浮萍也可为鱼提供饲料，因此，泥鳅和鱼不再投喂饲料。每千克蛙需饲料 11 元，每亩目标产蛙 1 000kg，合计 11 000 元/亩；水产药物（水解多维、二氧化氯和碘等）800 元/亩，两项共计 11 800 元/亩。

6.4 租地、电费、人工

租地费 600 元/亩，电费 165 元/亩，人工费用 2 400 元/亩，共计 3 165 元/亩。

7 效益核算

稻蛙鳅鱼高效绿色立体种养项目也是高收益项目，每亩可产出 33 700 元左右（具体产出明细如下），产投比 1.5~1.9，除去成本，

稻蛙鳅鱼高效绿色立体种养基本结构

第 1 年纯收入 11 825 元/亩,第 2 年起纯收入 15 925 元/亩,具体收入如下。

7.1 水稻

稻蛙鳅鱼高效绿色立体种养项目中,水稻属于原生态种植,不施农药、不用化肥,每亩产稻谷 300kg 左右,按 70% 精米率计算,可碾米 210kg 左右,按市值保守价格 10 元/kg,水稻的收入是 2 100 元/亩。

7.2 青蛙

每亩产蛙 1 000kg,按市值保守价格 26 元/kg,青蛙的收益是 26 000 元/亩。

7.3 泥鳅

每亩产泥鳅 200kg,按市值保守价格 20 元/kg,泥鳅的收益是 4 000 元/亩。

7.4 鱼

每亩产鱼 100kg，按市值保守价格 16 元/kg，鱼的收益是 1 600 元/亩。

8 存在的主要风险

8.1 自然风险

黄冈市气候为典型的亚热带大陆性季风气候，四季分明，光照充足，热量丰富，降水充沛，无霜期长。但梅雨季节（6 月下旬—7 月中下旬），时常有暴雨发生，应防止暴雨对基础设施的破环，如冲垮田埂等；第二，近年来 7 月下旬—8 月中下旬常有 35℃ 以上的高温天气发生，应防止高温对蛙、水稻等的影响；此外，还要注意寒露风、倒春寒等极端天气的影响。

8.2 病虫灾害风险

首先，要注意暴雨、高温等极端天气造成的水稻、青蛙、泥鳅和鱼病害的发生，如高湿条件导致的水稻纹枯病、降雨使水质恶化而导致的青蛙、泥鳅和鱼病害；其次，要注意稻纵卷叶螟、稻飞虱等虫害对水稻生产的影响。

8.3 市场风险

项目成果转化后的主要产品为绿色优质稻米、鲜美青蛙、生态鱼、环保鳅，目前，市场需求量极大，市场处于供不应求的状态，价格较高。预估 3~5 年后，随着该项目加入的人越来越多，市场逐渐趋于饱和，价格会随之降低。

9 品牌建设

黄冈市农业科学院已注册品牌"黄科香"，目前主要用于优质稻米的包装和销售，已在黄冈市及周边形成了一定的品牌效应。生产者可选用"黄科香"品牌，也可自行注册商标进行推广。

10 产业定位

第一，稻蛙鳅鱼高效绿色立体种养项目遵循自然、立体、循环生态学原理，破除传统单一水稻种植投入多、回报低的困局，是特种水产养殖和绿色稻米生产紧密结合的立体农业模式，具有高效、高产、优质的生态学特点，符合现代农业的发展趋势。并且该项目不与农业生产争土地、不与粮食生产争劳力，具有农民接受程度高、可复制性强、规模化发展等优点。

第二，稻蛙鳅鱼高效绿色立体种养项目是绿色高效的产业，也是高技术、高投资、高风险的产业，不适合普通农户，也不适合于环境恶劣的地方。

第三，稻蛙鳅鱼高效绿色立体种养项目生产的产品属高端、优质、健康的产品。大多产品在 9—10 月上市，国庆节、元旦、春节等节日接踵而至，此时价位更高，品质更具有竞争力，当然，春节上市需要运用一些技术储藏才行。销售范围可选择极富消费潜力的北京、上海、广州、深圳一线城市，也可锁定在农家乐、度假村、旅游景区、特色餐饮及大型商超等高端市场。目前产品市场需求量极大，未来 3~5 年内市场无法饱和，效益较稳定。

特色养殖
加快传统水产养殖向特色水产养殖产业转型

滋补养生
肉质细嫩，味美可口，营养价值很高，是高蛋白、低脂防的滋补食品

市场空缺
过度非法捕食导致青蛙数量直线下降，需求远大于供应，人工养殖势在必行

市场畅销
青蛙售价长期居高不下，高额利润让众多有远见的人看准这一项致富项目

稻蛙鳅鱼高效绿色立体种养发展需求与前景

第四，稻蛙鳅鱼高效绿色立体种养项目可开发潜力较大，一二三产业融合较好做。第一产业，生产上可与甲鱼养殖、蔬菜种植等配套增值；第二产业，产品加工类型丰富，蛙干、卤制食品、提取

物开发、保健品生产等应有尽有；第三产业，休闲旅游亮点多样，听蛙声与民宿结合、抓蛙钓蛙其乐无穷、蛙品宴特色鲜明、旅游产品带回家品味无限。

11　小结

稻蛙鳅鱼高效绿色立体种养项目，属于朝阳产业，其技术已趋成熟，政策环境向好，产业基础成熟，生产效益突出，市场前景广阔。其农业理念、实（试）验成果及相关技术可在全国水稻产区进行复制推广，对国内水稻产业的现代化发展具有前瞻意义，可进一步丰富大众膳食结构和满足多元营养需求，为大众提供绿色、有机、健康食品。未来 3~5 年内该项目生产的绿色优质大米、鲜美青蛙、生态鱼和环保鳅市场需求量极大，效益稳固。

李兴华（1989—　），男，长期从事水稻育种与栽培技术研究和稻田综合高效种养（稻蛙鳅鱼、稻虾）技术研究、应用、示范工作。2018 年至今，兼职湖北三夫生态农业科技有限公司"科技副总"，主要对该公司稻蛙鳅鱼高效绿色立体种养模式进行技术跟踪指导和对该模式相关技术进行总结验证。先后参与了湖北省农业科技创新中心项目、武汉大学协同创新中心项目、湖北省水产高质量绿色发展协同推广项目、湖北省"水稻+"绿色协同推广项目等。先后以第一作者发表研究论文 10 余篇，其中 SCI 论文 3 篇。先后获得湖北省"省级优秀硕士论文奖"1项；黄冈市"科技进步一等奖"1项等。

邮箱：lixh199015@163.com

电话：18207142854

羊肚菌外形似羊肚，口感独特、营养丰富

设施化栽培羊肚菌项目

吕锐玲

羊肚菌（*Morchella esculenta*）是一种珍稀的野生食药兼用菌，发现于 1818 年。羊肚菌子实体呈蜂窝状，因外形似羊肚而得名。又名美味羊肚菌，作为人民喜爱的美味佳肴，羊肚菌营养丰富、成分齐全，蛋白质含量高于牛、羊、猪等肉类，仅次于大豆；还含有丰富的氨基酸、脂肪酸、多糖、维生素和大量的矿物质元素，其风味独特，具有提高免疫力、抗病毒、抗疲劳等多种药用功效，开发应用前景广阔。

1 羊肚菌产业发展现状

1.1 栽培面积扩大

我国的羊肚菌大规模栽培开始于 2012 年，先后从当时的3 000 亩发展到 2015 年的 2.4 万亩。2014—2015 年度因媒体大规模宣传，该年度的栽培面积三倍于上一年度。2015年春季川渝地区恶劣气候条件和整体栽培技术的不完善，导致90%以上栽培者惨遭亏损。2015年春季，连续三届全国羊肚菌大会上，一批有担当的专业人士在公众媒体上大力呼吁羊肚菌项目须理性投资，避免因高额技术费、菌种费的投入而无法持续发展。此后，羊肚菌投资热度有所减缓，2015—2016年度的栽培面积首次下滑，为2.3万亩左右。但该年度栽培整体表现较好，特别是川渝地区，多处出现大面积稳产、盈利的案例。新媒体信息的流通加快、其他农业项目低迷和农业扶贫项目政策推进等多重因素的推动，加速了羊肚菌产业的发展。2017—2018年度全国羊肚菌栽培面积激增至7万亩，高于前5年的总和。

1.2 栽培模式改进

羊肚菌栽培务必要与当地的气候条件、资源情况相匹配，设计全面的可持续执行的项目方案来发展，一味照搬风险颇大。

1.2.1 平棚栽培

当前的羊肚菌栽培技术发源于川渝地区，川渝地区冬季低温期短、春季温暖湿润，极适宜羊肚菌生长发育。经过多年探索，平棚栽培羊肚菌在川渝地区大面积推行，其最大优势是投资小、不受地形限制、可耕作面积大；但其在抗风雪，抗低温和连续阴雨天气下抗湿方面存在明显的不足。在没有明显大雪和大风天气的地区，平棚栽培是一个不错的选择。

1.2.2 林地栽培

我国人工林面积计有0.53亿 hm^2，包括防护林或用材林、风景林和经济林等。林地栽培羊肚菌可以借助树木搭建遮阳网，且林地土壤具有富含腐殖质、土质疏松、风力小、遮阳好、易保湿等优点，既可有效降低羊肚菌栽培管理成本，产量又高。近年来在四川、湖北、河南、陕西、河北、新疆等地得以大规模推广，成效显著。

1.2.3 小拱棚

主要用于大规模的平棚之下，使用竹片或细铁丝作为骨架，使用透明塑料薄膜在每个畦面上搭建独立的小拱棚，小拱棚可以有效营造相对湿润而又温暖的小气候环境，平均温度可提高1～2℃，且可规避出菇季节连续阴雨天气对幼菇造成伤害。

1.2.4 拱棚

使用竹子或钢管搭建。上覆遮阳网和（或）塑料布，起遮阴、保湿和保温等作用。近年来，拱形大棚或简易蔬菜大棚栽培羊肚菌在长江流域一带，特别是湖北、四川、贵州、湖南地区大规模获得应用。拱棚的抗风、抗雪和保温性能明显好于平棚，而缺点是造价高于平棚，土地可使用面积明显缩小。对于湖北等长江流域地区及其他春季雨水过多对幼菇生长不利的区域，此为首选方案。

2019年黄冈市科技示范园种植羊肚菌

1.3 栽培技术提升

羊肚菌是一个新兴的产业，其从业人员的年龄和知识水平与传统食用菌不同。从业人员年轻化是羊肚菌产业的一大特点，行业50%以上的从业者为80后、90后，他们大多完成了高等教育，具备良好的学习新知识和解决问题的能力。他们活跃于各大微信群、QQ 群、论坛等羊肚菌爱好者交流分享平台，促进羊肚菌栽培技术的快速传播。分析从业人员对羊肚菌的认知、栽培技术、管理水平和分享交流的内容，青年从业者的技术水平在明显地提升，可以基于已有知识对发生的问题作出相对合理的判断和应对，是羊肚菌产业继续走强的中坚力量。

镀锌管搭建大棚，覆盖尼龙膜和遮阳网

1.4 消费升级

早期羊肚菌市场流通主要以干品为主，伴有少量鲜货、冻货。2017 年春节期间，成都、云南少量基地羊肚菌鲜品以每千克 240～300 元的售价撬开了全国的羊肚菌鲜品市场。2017—2018 年度云南、成都周边和东北地区不少基地瞄准春节期间的消费旺季，有意调整生产时节，提早播种；北方地区借助暖棚或加温措施，成功实现春节前鲜品上市，春节前的鲜品每千克售价在 260～360 元，供不应求，效益明显。

2　立项条件

2.1　环境气候选择

黄冈位于鄂东大别山南麓，长江中游北岸，北接河南，东连安徽，西通武汉，南与江西九江隔江相望。属亚热带大陆性季风气候，江淮小气候区。四季光热界限分明。黄冈北部和东部为大别山低山丘陵，海拔多在 500~800m；中部为海拔 100~250m 的丘陵岗地；南部为长江冲积平原，丘陵地占总面积 80%。境内羊肚菌野生资源丰富，为人工种植羊肚菌提供了独特的地理优势。目前在团风、罗田和浠水等地已有羊肚菌人工栽培的报道。

2.2　场地准备

场地选择在坡度不太陡，背风，靠近干净的地下水源、流水或库堰水源地的地方。羊肚菌菌丝体和子实体的生长要求弱光保湿，为了节本增效，栽培羊肚菌的设施一般采用拱棚，覆盖物为一层塑料薄膜加一层 75%~90% 折光率的遮阳网。

2.3　土壤选择

羊肚菌为好氧性真菌，土质 pH 值要求在 6.5~7.5，即中性或微碱性的土壤。要求土质疏松，保湿透气。含沙量、腐殖质、黏性等影响土壤的持水能力，含水量的高低又影响土壤的通气，一定的湿度可以保证羊肚菌分泌的胞外酶类活性更高。因此，土壤的含水量对羊肚菌后期的生长至关重要。简单判断含水量标准：土色深暗发黑，用手捏之成团，抛之不散，可搓成条，手上有明显的水迹为含水量较高，不适宜播种；土色深暗，手捏成团，抛之破碎，手上留有湿印，为适度含水量，适宜播种；土色发黄，

手捏成团或不成团，易碎，则为偏干土壤，不适宜播种。

3 羊肚菌大田栽培项目的投入分析

羊肚菌的栽培模式不同于常规食用菌，是一种全新的生产流程，主要包括：选地整地、菌种制备、遮阳棚搭建、补料技术、出菇管理和采收加工6个主要环节。项目的投入包括地租、整地、遮阳棚基建设施、菌种、外源营养袋、人工、销售费用等（表1）。在羊肚菌的项目投入中，地租、人工、杂费基本恒定，区域之间差异不大。项目总投入中波动最大的环节为栽培设施和菌种、技术。

3.1 栽培用地

羊肚菌栽培对土地质量要求不高，无积水、土质疏松、便于机械化作业的农田、林地均可，其中农田租金每亩年平均在600~1 000元，而羊肚菌的种植季节在晚秋—冬季—春季，需5~6个月，属于农闲时节，每亩季均价在300~500元。林地、荒地租金更便宜，30~100元不等。

3.2 遮阳棚搭建

羊肚菌栽培设施中的遮阳棚搭建模式和费用因区域不同而有较大差异。长江流域以及以南地区设施成本投入普遍较小，通常以大面积平棚或简易蔬菜大棚为主，伴有林下栽培。这类棚架搭建的投入资金比较低，其中又以林下栽培最低，每亩千元左右，其次是平棚和简易蔬菜大棚。平棚的使用区域有限，因防风、防雪、保温效果较差，平均每亩投入1 200~1 500元；简易蔬菜大棚通常以细竹竿或镀锌管做骨架，覆以塑料薄膜和遮阳网，亩投入在2 000~5 000元，其安全系数较高。部分林下环境可以有效发展羊肚菌栽培，亩投入可以做到与南方地区的林下栽培持平或略高（需增加水利设施和棚体加固投入）。而南方地区的平棚在这些地区已不适用；常规蔬菜大棚内栽培羊肚菌将成为这些地区的主要发展方向，在棚体搭建方面，考虑到风雪强度，牢固程度要比南方略高一个等级。林下栽培在湖北地区有一定的优势，在棚体建设上同样要注意，应于春季雪融后进行。

3.3 人工及杂费

羊肚菌生产项目的人工需求量较小，劳力投放主要在棚体搭建和出菇阶段。棚体搭建每亩地需 2~2.5 人，出菇管理阶段、采菇环节每亩需 2~4 人；其次是耕地、播种、浇水、养菌管护等，每亩地需 5 人，总计每亩 10~12 人。各地人工费用略有差异，每人每天通常在 50~80 元。每亩总计人工费 600~800 元，占项目总投入的 10%左右。杂费包括耕地、石灰、水电、地膜、闲杂物品等，每亩 600~1 000 元，占总投入的 10%~15%。

表 1   羊肚菌栽培项目投入

项目	投入 （元/亩）	说明
地租	300~500	羊肚菌项目为秋季—冬季—春季，需 5~6 个月，此为半年租金

(续表)

项目	投入 （元/亩）	说明
大棚设施	1 000~8 000	因区域和设施程度不同，从千元到十多万元均有，成本为简易大棚<蔬菜大棚<钢架大棚<温室大棚（暖棚、阳光棚）
菌种及技术	4 000~5 500	市场均价，包含外源营养袋及技术指导费在内
人工	600	正常人工费50元/人，每亩地平均10~12人
杂费	600~1 000	耕地、石灰、水电费、闲杂材料等
合计	≈8 000	常规羊肚菌种植项目亩投入

注：投入费用按照大面积（>20亩生产项目）平均计算，其中棚子设施最高限不限于8 000元。

4　羊肚菌大田栽培收益分析

　　虽然不时有媒体报道称羊肚菌可亩产"上千斤"，但实际情况是现阶段大面积（单体面积达100亩以上）平均亩产达100kg。鲜菇价格平均每千克在200元左右，亩产出约2万元。根据前面核算的亩投入，项目实施第一年的亩总投入均价在8 000元左右。因此，常规项目投入在第二年可盈利。

4.1　可压缩的项目支出

　　从前面的项目细分不难看出，人工、杂费所占比例不大，压缩空间有限。地租、基建设施和菌种技术费用占比较大，且有较大的压缩空间。

4.1.1　地租

　　充分利用湖北水稻冬季闲田，可以节约地租。另外，湖北省林下资源丰富，地租通常为良田的1/5~1/10；且林下腐殖质丰富，土地相对肥沃；林下发展羊肚菌在空气湿度的保持、防风方面也具有明显的优势；规整的林木资源也有助于遮阳棚的搭建；整体而言，林下发展羊肚菌每亩可降低投入1 000元左右。

4.1.2　基建设施租赁

　　羊肚菌的生产需要一定的遮阴、保湿和保温条件，早期的羊肚菌以川渝地区发展为主，川渝地区的温暖湿润环境适宜在简易的平棚内栽培。平棚具有操作简单、投入较低等优点，但无法抵御风雪、抗涝、防寒、抗旱，因此，需要辅助以蔬菜大棚。蔬菜大棚的建设费比较昂贵，但可以充分利用闲置蔬菜大棚转化为羊肚菌项目生产。

4.1.3 菌种、技术费

菌种费用虚高已成为行业诟病，在信息不畅的区域，时有远高于均价一倍以上的情况发生。菌种费用整体由三部分构成，前期研发费用、菌种生产成本和生产者的利润。由于羊肚菌项目的特殊性，每亩研发费用通常核算在 400~600 元，物料及生产费用均价为 800~1 200 元，考虑到技术风险、技术优势等，生产者预留的平均利润在 1 000 元左右。因此，当前的栽培种及技术费用每亩在 2 500~3 000 元。稍具规模的种植者可以在技术成熟的条件下自行进行栽培种的制作，加上自行生产外源营养袋，总计每亩成本约可降低 2 000 元。

5 羊肚菌幼菇

6 成熟羊肚菌

7 采收

8 晒干

4.2 提高羊肚菌的价值

4.2.1 提高羊肚菌的质量

品质决定价格，但目前行业还未有统一的质量标准，生产者可参考市场喜好，生产高价值的货品。一般以菇体饱满、大小适中均匀、菌肉厚实、颜色黑、菌柄短小为高品质准则。不同等级之间的价格差额每千克 200~300 元（统货，干品）。一般以头批菇的质量较好，中期、尾期货品较差。有经验的菇农可以将中期甚至尾期菇做到一级品等级，获得较高的收益。

4.2.2 错季上市

当前羊肚菌种植区域以川渝、湖北、贵州、河南为主，还有云南的高海拔区域，该地区种植面积占全国总种植面积的 75% 左右，每年集中在春季上市。因此羊肚菌的价格在 3—5 月较低。生产者可辅助一定的设施条件和管理措施，避开低价期，以获得高额回报。

4.3 项目合作互利共赢

栽培基地以种植板块为主，以上游的大型公司或科研院所为技术依托，公司提供菌种和栽培技术，栽培基地参与生产管理，产品由公司参与回购和销售，实现共赢局面。该合作方案一方面为基地提供了有力的技术支撑，另一方面在菌种技术费用上取得相对的低价，且可在销售方面为基地解决难题；对上游公司而言，可以迅速占领市场，增加种植面积，实现更大的价值转化。

5 羊肚菌人工栽培关键技术要点

第一，选地及前期处理。选择无污染、土质疏松、潮湿、排水良好的土地。在播种前用生石灰对土壤进行杀菌、杀虫处理。

第二，播种时间 11 月中旬—12 月初。

第三，按照地势划分畦面、排水沟，在搭建的整个遮阳棚周边要安排主排水沟与畦面两边的水沟相通。用旋耕机等将耕地翻耕25~30cm 待用；清除大的石块，土块及杂草等杂物，平整畦面；均匀开畦，畦宽 1m，畦面整平，两畦之间开宽为 20cm、深 25cm 的

沟，保证排水良好。

第四，将手消毒后，用手将菌种揉撒，均匀撒施在畦面上，再用钉耙将畦面刮平即可。

第五，覆盖遮阳网采用6针遮阳网覆盖，可以达到保温、保湿、透气的作用。搭建1.8m左右高度的遮阳网架，方便农事操作，但搭架要注意顶面为"人"字斜面，这样可以防止下雨积水，便于雨日排水到主沟。搭好架后，将6针遮阳网单层覆盖于拱架上，扯直拉紧，并将遮阳网四周用土压严、压实。

第六，营养袋的制作将谷壳与小麦按照一定的比例拌匀，装袋，每袋重量为500g，进行常温灭菌24h，温度保持在102℃。注意事项：营养袋要在需要使用时制作，即灭菌结束后，晾凉就及时安放。

第七，播种一周后，将高温灭菌的营养袋晾凉后，按照每亩1 800袋的比例放置营养袋。放置营养袋的方法是侧面划口，直接将开口处与地面贴合，平行安放。

第八，羊肚菌喜阴、喜湿，温湿度的控制直接关系到羊肚菌的生长，如天气干燥，要人工喷水。如天气潮湿，雨日多，也要及时排湿，避免积水。温度过低，需要进行覆膜保温。温度过高，要揭膜降温。3月初，气温回升，霜冻结束后，就开始揭掉地上的遮阳网，并将营养袋移出。

第九，病虫害防治主要是以预防为主，保持场地环境的清洁卫生，播种前进行杀菌、杀虫处理，后期发生病虫害，可以选用石灰水直接喷洒发病部位控制病害。虫害主要是蛞蝓、蜗牛和螨类，可以采用毒饵诱杀，即用麦麸炒香加喷过杀虫剂的新鲜菜叶撒施在沟内进行诱杀。

第十，羊肚菌分批成熟，需要分批采收，采收后及时清理基部泥土并销售，可以销售鲜品，也可以晒干或烘干后销售。

作者简介

吕锐玲（1982—　），女，汉族，河南郑州人，中共党员，职后博士学历，博士学位，高级农艺师，2008年参加工作以来一直在黄冈市农业科学院从事农业科技创新和技术服务工作，育成水稻新品种5个，分别是两系杂交中稻新品种"广两优15""广两优16""益51A"以及杂交晚稻"A优442"和"益优988"。获得省市级奖励多项，其中2017年获得黄冈市科技进步奖一等奖1项（排名第一）；湖北省科技成果推广奖二等奖1项，黄冈市科技进步奖二等奖1项；申请并获得国家实用新型专利1项，获得植物新品种权4项；获得湖北省科技成果登记5项；发表科技论文27篇，

其中 SCI 论文 1 篇。获得湖北省自然科学优秀学术论文奖 1 项，黄冈市自然科学优秀学术论文奖 3 项。

邮箱：2815904119@qq.com

电话：13317250309

土鸡在
梨园觅食

果园立体种养项目——以果园养鸡为例

徐丽荣

果园立体种养，是将种植业与养殖业有效结合起来，实行"果-草-禽（畜）"生产一体化，是充分利用果园空间，进行种养殖。果园可为家禽（畜）提供活动、觅食以及栖息场所，同时，家禽（畜）粪便为果树提供有机肥料，另外，通过低密度养殖，还能有效解决由于集中饲养带来的粪便污染问题。结合果园生草技术，实现果树、禽（畜）、草共生，可以很好地解决果园除草问题，家禽（畜）粪便以及草腐烂后可以提高果园有机质含量，最终提高水果品质，家禽（畜）在果园自由觅食，可以取食大量害虫，减少虫害对果树为害，最终实现果园减肥减药，果园放养家禽（畜），为家禽（畜）提供了广阔的活动空间以及来源丰富的动物蛋白，有利于提高家禽（畜）肉质和蛋质，一举多得。下面以果园养鸡为例，进行项目介绍。

1 立项条件

梨园养殖土鸡，养殖场所一定要科学安排，要从交通、地势、土质、水质、电源、防疫以及虫草等多方面综合考虑。水源地保护区、旅游区、自然保护区、环境污染严重区、发生重大动物传染病疫区，其他畜禽场和屠宰厂附近、候鸟迁徙途经地和栖息地、山谷洼地易受洪涝威胁地段等不适宜建场。

1.1 地势地形

应选择地势高燥，向阳背风的场地。远离沼泽地区，以避免寄生虫和昆虫为害。地面开阔、整齐、平坦而稍有坡度，以便排水。地面坡度以 $1°\sim3°$ 为宜，最大不超过 $25°$。这种场地阳光充足、地势高燥、清洁卫生，低洼积水处不宜建场。山区建场要注意地质构造情况，避开断层、塌方和滑坡地段，也要避开坡底、谷底以及风口，以免受到山洪和暴雨袭击。

1.2 土壤

从防疫卫生出发，场地土壤要求透水性、透气性好，容水量及吸湿性小，毛细管作用弱，导热性小，保湿良好；不被有机物和被病原微生物污染；地下水位低，沙性土壤最佳。

1.3 水源

场址附近必须有清洁、充足的水源，取用、防护方便。水中不含家禽病原微生物，无臭味或其他异味，水质清澈透明，酸碱度、硬度、有机物或重金属含量符合无公害生态生产的要求。

1.4 其他

选择场址时，应注意鸡场与周围社会的关系，既不能使鸡场成为周围社会的污染源，也不能受周围环境的污染。应选在居民区的低处或下风口，避开居民污水排放口，更要远离化工厂、制革厂、屠宰场等企业，距离 1km 以上。另外，要保证电力的持续供应。

活动板房鸡舍内景

2　产业现状

　　近十几年来，我国大部分地区的养鸡模式，都以工厂化、规模化模式为主。设施越来越好，规模越来越大，尽管产量增加了，但结果是能耗越来越多，污染越来越重，价格却始终上不去。在禽类产品短缺的年代，工厂化、规模化解了燃眉之急，功不可没。但在禽类产品已经极为丰富的今天，人民消费习惯也由过去的追求数量向质量转变，人们对肉质的需求以追求风味、野味、回归自然为时尚，以往规模化饲养的快大型肉鸡在市场上销路渐差，而散养土鸡及土鸡蛋因含有丰富的蛋白质、维生素和无机盐，且易于消化吸收，具有极高的营养价值、绿色与野味特点，被消费者誉为绿色生态产品备受青睐。近年来，以地方鸡种为素材，以放养鸡为主体的生态养鸡生产模式应运而生，逐渐发展成为我国畜牧业中的新兴产业。地方鸡（日常所说土鸡）生态养殖在新的历史条件下，作为市场上的高端禽产品被赋予了新的使命。

　　生态养鸡不同于工厂化、规模化的养鸡模式，也有别于传统的一家一户散养的原生态放养模式。它将舍饲和林地放养相结合，以自由采食林间昆虫、杂草为主，人工补饲为辅，呼吸林中空气，饮林中无污染的溪水,严格限制化学药品、激素及添加剂的使用,生产出天然优质的商品鸡。它讲求适度规模,采用现代科学管理模式和营销理念,充分发挥自然、人文、动物的潜在功能,可获得社会效益、生态效益和经济效益三者的统一及可持续发展。从当前市场行情来看,绝大多数的养殖效益较好,一枚鸡蛋交货价多在 1~1.2 元,一只母鸡 80~100 元,高的可达 168 元,每只平均养殖收益在 80 元以上。

3 品种选择

3.1 果树品种选择

果树品种选择优质高档果树品种,如猕猴桃、梨、柑橘、葡萄等都可以采用果园综合种养结合模式。

3.2 养殖品种选择

林下养鸡选择江汉鸡、芦花鸡、绿壳蛋鸡等地方品种。要求抗性强,野外觅食能力强。

4 关键技术

4.1 果园生草轮牧技术

果园生草轮牧技术包含两个方面的内容,一方面是指通过人工种草的方式,在果园行间种植苜蓿、三叶草等豆科植物,既不影响果树生长,又能为果园提供良好的生态环境,牧草的生长还可以为食草或杂食动物提供食物来源;二是指轮牧技术,通过划分放牧区,实行有计划的放养,实现牧草一年四季都能具有良好的生长,同时能一年四季提供食物来源,而且还能够不破坏植被。

4.2 病虫害绿色防控

果园养鸡,部分害虫变成了鸡的食物,为了有利于鸡的生长,同时尽量避免鸡取食杀虫剂毒死的昆虫,果园要采取绿色防控技术。果园病虫害绿色防控技术主要包括物理防控、生物防控等方面内容,充分利用灯光诱集,黄板、蓝板诱杀,性诱剂诱杀雄虫,糖

大棚鸡舍内景

醋液诱捕以及释放天敌昆虫的方法，将果园害虫控制在安全阈值以内。

4.3 生态养鸡技术

果园养鸡应严格控制放养密度，每亩果园放养土鸡 50 只以内，同时每个鸡舍为一个放养群体，群体大小应不大于 500 只；同时要搭建足够容量的鸡舍，每平方米不多于 10 只鸡，蛋鸡的饲养还应配备产蛋箱，5~6 只母鸡一个产蛋箱。鸡舍附近还应配套相应喂食以及喂水设备。

5 加工方向

由于生态养殖要求场地较大，一般养殖规模不会太大，年产土鸡万只已属较大规模，主要以销售土鸡蛋或者活鸡为主。

6 投资规划

按 100 亩棚架梨园计算养殖投入。

6.1 固定资产投入

6.1.1 育雏舍

建设 150m², 200 元/m², 共 3 万元, 年折算 0.3 万元。

6.1.2 育肥舍

建设 500m², 100 元/m², 共 5 万元, 年折算 0.5 万元。

6.1.3 设备购置费

围网、饲喂设备、饮水设备、照明设备、采暖设备等 5 万元, 年折算 0.5 万元。

6.2 饲养费用

购置鸡苗 5 000 只, 5 元/只, 合计 2.5 万元; 饲料费用, 平均每只需要饲料 15kg, 2.4 元/kg, 5 000 只, 合计 18 万元; 防疫费用 0.5 万元; 燃料费 1 万元; 人工费 4 万元; 合计 27.3 万元。

果园投入部分参照精品水果高质量高效益种植项目。

土鸡在梨园觅食

7 效益核算

按 100 亩棚架梨园计算效益。

出售土鸡收入 5 000 只, 单价 100 元/只, 销售收入 50 万元,其中年投入 27.3 万元，实现年利润 22.7 万元。

果园投入部分参照精品水果高质量高效益种植项目。

8 风险分析

8.1 疫情风险

疫情风险是生态养鸡最大的风险，而且一旦出现严重疫情，养殖户将损失惨重。在疫情防治方面，首先要对养殖区进行严格消毒，特别是育雏设施；另外，需要从正规渠道购置鸡苗；再者，需要严格接种疫苗；同时也要定期对鸡舍进行清扫及消毒。在整个养殖过程中，要做到勤观察，一旦出现精神不振的鸡，一定要警觉起来，及时隔离观察。

8.2 市场风险

价格随价值在波动。生态养殖的土鸡，具有养殖时间长，肉质鲜美，营养丰富的特点，具有很好的市场竞争优势。但是市场价格随着供求平衡的变化在变化，另外，还存在消费群体的合理定位，所以在养殖过程中，需要考虑市场风险因素，不能盲目投资，必须在经过充分的市场调研，进行合理的市场预判之后再着手开展投资工作。

9 品牌建设

9.1 保证农产品的品质

好的产品是品牌建设的首要因素，如果没有质量过硬的产品，长期来看，营销手段再好也不会被广大消费者所认同，所以生产质量很重要，在生态鸡养殖过程中，需要严把质量关，保证出栏的每只鸡放养天数都在 300d 以上，肉质细腻，口感纯正。

9.2 寻求农产品的差异化

在当前农产品总体产量过剩的大背景下，物类丰富即难逃竞争。面对竞争，成功诀窍即为要跳出产品同质化。差异化运作形式无需降价，甚至可以利用营销差异调高价格，强化差异优势，满足不同消费者的需求和偏好，推动农产品竞争模式转变，并培养消费者的品牌意识，提高农产品营销效益。生态鸡的特点在于纯正的口感，丰富的营养，可以抓住重点做文章。

9.3 拓展推广渠道

好的特色产品宣传、推广需要有实力雄厚的营销平台，才能最快速度打开销路市场。好产品+营销平台=打造产品品牌化。充分利用当前媒体手段，选好时期进行宣传报道，结合现场一些活动，逐步成为家喻户晓的品牌。

果园三叶草生长状况（1）

10 产业定位

生态养鸡不仅仅是把鸡群放养于地面，重要的是在追求养鸡生产与自然环境的和谐统一下，得到高品质的禽产品。因此，生态养鸡要求采用适宜的品种、合理的饲养密度、合理的群体规模、合理的鸡舍（鸡棚）间隔距离、合理的补料方法等。规范生产需要制定可行的生产技术规程，在国内现阶段还没有行业标准的情况下，要把推广"生态养鸡553模式"落实到各个养殖农户和单位，使生态养鸡成为资源节约型、环境友好型畜牧业的典范。

果园三叶草生长状况（2）

大棚鸡舍外景

搭建产销平台，做大做强产业。生态养鸡是一种资源利用型生产，具有产销分散的特点。做大做强生态养鸡产业，要积极探索农户+合作社+电商的生产经营形式，实现产销对接。要大力发展生态养鸡合作社，以合作社为桥梁，一头连接农户，另一头连接市场。合作社通过开展集中育雏，解决农户各自育雏设施利用率低、技术不成熟而造成死亡率高的问题。生产中实行统一鸡种、统一生产方式、统一打造品牌、统一产品营销，既保证了生态养鸡产品品质，又解决了小规模农户生产的产品进入市场难的问题。合作社与电商或实体营销机构对接，可以把分散的生产和产品聚合为一个大的产业基地和产品基地，满足市场对量的需求。

果园立体种养项目，除了可以进行果园养鸡外，还有很多其他方面的内涵和外延，例如，葡萄园养殖大鹅、鸭子等，板栗园养殖黑山羊等。除了养殖方面的内容外，果园还可以种植食用菌、中药材等耐阴经济作物等。

欢迎到黄冈市现代农业科技示范园参观指导，共同探讨果园立体种养结合型模式。

作者简介

徐丽荣（1985— ），湖北罗田人，2011 年毕业于中国农业科学院研究生院植保专业，获得硕士学历和学位，农艺师职称，湖北省青年科协会员。2011 年 7 月以来一直在黄冈市农业科学院都市农业研究所科研一线工作，主要从事果树栽培及林下种养相关研究及技术推广服务工作。先后参与并承担省市级课题项目 8 项，获得省级科研成果 2 项，在农业核心期刊上发表科技论文 6 篇。荣获"湖北省区试先进个人",是黄冈市农科院近几年引进人才中的青年拔尖人才和后备重点培养科研骨干人员。

邮箱：396131052@qq.com

电话：13871983422

吊蔓西瓜精准化栽培项目

葛长军

1 项目条件

随着人们消费水平的提高，对西瓜品质的要求也越来越高，也越来越倾向于体验田间采摘活动。为适应市场变化，开展了吊蔓式西瓜栽培技术研究，此模式符合药肥"双减"要求的实施，具有节省农资、适宜采摘的优点。

西瓜种植要求选土壤疏松，透气性好，能排水，要求有机质含量丰富，pH值6.5~7.5，地势高燥，排灌便利的沙壤土或壤土为宜。黏土、盐碱地、低洼地块不宜种植西瓜。西瓜地不能连作，一般要2~3年轮作一次，否则病害严重。西瓜是喜耐热作物，喜温暖干燥气候，生长适温为25~30℃，发芽温度一般在15℃以上，最适发芽温度25~30℃。西瓜在日夜温差8~16℃时同化产品多，呼吸消耗少，含糖量高，质量好。西瓜喜光照，西瓜对光照要求较高，每天需日照10h以上。10~12h以上的光照有利于同化作用，8h短日照有利于雌花构成。西瓜根系强壮耐旱，但不耐涝。幼苗期和伸蔓期，以氮肥为主，配合磷、钾肥。结果期，以磷、钾肥为主，配合氮肥。

西瓜果皮较薄，对长距离运输要求较高，项目选址要求具备一定的道路运输、冷库、电力保障等条件，同时注意西瓜产品的食品安全性，合理使用化学农药，采用综合防治的方法预防病虫害。

2 产业现状

西瓜产业是湖北省农业主导产业之一。一直是湖北省农民增收、农业增效的重要途径之一。主要集中在江汉平原、鄂东南、鄂西北等主产区，主要品种类型为无籽西瓜和中晚熟有籽西瓜。随着人民生活水平的提高和休闲农业的发展，西瓜以口感好、含糖量高、便于采摘等特点在市场占有比例逐年增加。

吊蔓西瓜田间展示

根据栽培方式、品种类型和上市时间，黄冈等鄂东南地区早熟西瓜产区，主要是利用春季气温回升快的优势，以早熟有籽西瓜为主，产品在6月上中旬上市。露地西瓜种植一般栽培株数400~600株，由于露地种植易出现西瓜果实"黄白面"，影响外观品质，导致价格优势不明显，经济效益一般。棚室栽培的吊蔓西瓜采用空中吊蔓的方法大大增加了单位面积种植株数，每亩可栽培800~1 200株，按照每株留1个果实计算，相比露地栽培和大棚栽培西瓜产量加倍，同时，果实接受光照均匀，西瓜果实没有"黄白面"，外观品质好，价格也较为理想。

西瓜种植效益较高，如在被誉为"中国西瓜之乡"的江苏阜宁，西瓜产业越来越大。阜宁西瓜具有产地环境好、基地规模大、产业体系健全、栽培技术水平高、科技应用广泛、产品质量好、品牌品质有保证、销售网络广等特点。2016年西瓜种植面积近20万亩，其中大中棚设施栽培面积占60%以上，总产值超10亿元。千亩以上瓜类蔬菜示范区15个。西瓜产业的发展壮大，带动了种子种苗、科技服务、农资供应、销售流通等配套产业的发展，在基地建设、产品检测、统一包装、交易市场等环节形成一条龙，助推了西瓜产业跨越发展。

3 品种选择

西瓜按熟性分为早熟、中熟、晚熟品种，早熟种从开花到成熟需26~30d，中熟种需30~35d，晚熟种需35d以上。按果肉颜色分为白肉、红肉、黄肉等品种。按大小分为大果型、中果型和小果型。生产方式主要有露地种植和棚室栽培。

结合实际情况合理选择西瓜接茬方式，选择轮作方式可种植早熟品种，提早收获，便于下个茬口作物的种植，可选红小玉、特小凤等品种。准备长时间供应的可选择植株容易萌发新枝条、抗病性强的品种，进行二次结果。即在收获第一茬西瓜后，通过栽培技术促使植株第二次结果，延长西瓜上市时间，该种方式可选择金福、京欣等品种。

4 精准化栽培关键技术

栽培设施为6~8m宽的钢管、水泥或竹木结构大棚，顶高在2.5m以上，长度一般在30~50m。选用优质、高产、抗裂和抗逆性强、商品性好的品种，宜选用早春红玉、红小玉等品种。种子处理将种子放入55℃温水中，不断搅拌，至冷却室温时停止搅拌，继续浸种4~6h。洗净后置于28~30℃的环境中催芽，24h后，待芽长至0.5~1cm时播种。

4.1 精准播种及准备

4.1.1 育苗床准备

苗床选择背风向阳，地势较高的地方或选择大棚内育苗。将育

精准播种催芽

苗场地整平、建床，有条件的可以在苗床下铺设地热线。床宽100~120cm，将营养钵、穴盘排列于苗床上。

4.1.2 营养土配制

营养钵育苗选用无污染园田土、优质腐熟有机肥配置营养土，忌用种过瓜类作物的土壤，园田土与有机肥比例3：1，另加50%多菌灵可湿性粉剂25g/m³，充分拌匀放置2~3d后待用；基质为无污染草炭、蛭石和珍珠岩的混合物，加50%多菌灵可湿性粉剂25g/m³，充分拌匀放置2~3d后待用。

4.1.3 精准播种

大棚设施栽培于 2 月上旬—3 月上旬播种。播种方式为营养钵或穴盘，即 8cm×8cm 的塑料营养钵或者规格为 50 孔及 72 孔的穴盘。种子芽长 0.5cm 左右播于营养钵或穴盘中，芽朝下，播后覆 0.5~1cm 营养土或基质，然后上方平铺一层地膜，最后在苗床外使用竹竿搭设小拱棚保温，保证出苗一致。

4.2 精准化定植

4.2.1 定植前准备

吊蔓栽培每厢宽 1.5m（包沟），厢沟深 20cm。每亩施腐熟优质有机肥 2 000~2 500kg，硫酸钾复合肥 20~25kg。厢面开沟施入，一般耕深 20cm 左右与土壤混匀，深翻整平，厢面铺银光地膜。

4.2.2 搭架

利用竹竿在西瓜定植厢面搭建"人字形"竹架或"T 字形"架子，以承重西瓜果实及枝蔓。

4.2.3 定植

当 10cm 深土壤低温稳定通过 15℃，平均气温稳定通过 18℃ 即可移栽定植。一般苗龄 2~3 片真叶为移栽适期。吊蔓栽培西瓜株距 40cm。定植采用浅定植，以营养钵露出土面 1~2cm，保证栽培高度一致，移栽后及时浇足定根水。

4.3 肥水管理

大棚西瓜吊蔓栽培以基肥为主，分次追肥，采取对水后随滴灌追施。缓苗后施用提苗肥，用尿素或磷酸二氢钾，配制成 0.2% 的溶液，浇施于瓜苗根部附近，每亩施 60kg 左右。一周后再追一次。当西瓜爬蔓约 50cm 长时施用伸蔓肥，每亩追施硫酸钾复合肥 1kg 和尿素 2.5kg，对水 200kg 浇施于瓜苗根部附近。当果实约鸡蛋大小时，施用膨瓜肥，每亩施硫酸钾复合肥 1.5kg，对水 200kg 浇施于瓜苗根部附近。

4.4 精准化整枝管理

吊蔓式西瓜采用"一主一侧、主蔓留瓜"双蔓整枝方式。生长

精准化定植

前期以理蔓为主，尽可能扩大营养体，及时引蔓，使瓜叶分布均匀；主蔓长 50cm 时，留下主蔓和一条健壮侧蔓，其余侧蔓均摘除。每隔一周整枝一次，主蔓和侧蔓上的分枝也摘除，直至幼瓜坐稳为止。生长期间整枝 3~4 次，坐果以后不再整枝，同时保证选留果实坐果高度整齐一致。

4.5 人工授粉

大棚西瓜由于棚内昆虫活动少，必须进行人工授粉才能确保授粉坐瓜。授粉工作上午 8—10 时进行。摘下西瓜当天开放的雄花，将花瓣反转，露出花药，轻轻涂在当天开放的第二、第三节雌花柱头上，一朵雄花可涂 2~3 朵雌花。

精准化整枝

4.6　精准化留瓜

为提高西瓜的品质，应留选主蔓第二或第三雌花上坐的瓜。留瓜过早瓜小且瓜形不正，过晚不利上市。当瓜如鸡蛋大小时，进行选瓜，每株留选 1~2 个外形美观、无伤的幼瓜，保证成熟时果实单果重基本相同，利于采摘销售。

4.7　西瓜套袋

西瓜长至鸡蛋大小时，使用塑料网袋套住授粉成功的西瓜，并将网袋固定于竹竿上，防止西瓜后期脱落。

4.8　采收

西瓜授粉后约 30d 成熟。采收宜在晴天早晨露水干后进行。西瓜成熟表现为第一果实表面清晰，具有光泽，手摸光滑，果脐内凹；第二用手拍打，发出浊音为熟瓜；第三果实同节卷须枯萎

精准化留瓜（1）

1/2 以上。采收时以上标准要综合判断。也可根据田间抽样，确定西瓜的成熟度。

5 加工销售方向

产品主要用于消费者田间采摘及各大生鲜市场、超市批发等。目前，西瓜果实深加工主要有糖制和饮料等。西瓜糖制品有用西瓜皮制作的西瓜脯和西瓜蜜饯。西瓜饮料主要有西瓜汁、西瓜汽水等。西瓜汁要选择新鲜的八成熟红瓤西瓜，用清水洗净后，去皮去籽，粉碎榨汁并过滤，这样得到西瓜原汁。

6 投资规划

可在建设休闲观光采摘农业园的基础上安排一定面积的西瓜采摘区域，开展吊蔓西瓜种植模式，方便游客采摘。每亩大棚建设成本 18 000 元左右。

精准化留瓜（2）

西瓜采收

7 效益核算及风险预估

按设施吊蔓栽培成本计算，主要成本为地租、种苗、生产资料、人工费、大棚折旧等部分，每亩约 4 500 元。按每亩 800 株西瓜，每株留 1 个瓜，单瓜重 3kg 左右计算，采摘价每千克 3~4 元，亩收入 7 200~9 600 元，效益较为明显。

该项目在实施过程中存在一些风险，主要有自然风险、栽培风险和市场风险。自然风险指西瓜在栽培生产过程中出现极端天气等外界因素造成植株损伤，包括大风、冰雹、暴雨、干旱、洪涝、畜禽等其他动物危害损伤等风险。栽培风险指缺少相关技术指导出现的产量、效益受到影响的情况，包括西瓜育苗质量不合格、水肥等管理技术不到位、田间管理不及时、病虫害防治不准确等风险。市场风险指根据供求关系变化导致的产量和效益不平衡，产量高了效益却没有增加等问题。

8 品牌建设

加大宣传力度，举办西瓜节等活动加大消费者对西瓜产品的认可。同时，可采取以下三点措施加强品牌建设。①对西瓜分类，去除畸形、外观损伤的西瓜，选择美观、果型正常的西瓜进行出售，保障质量，促进品牌建设。②西瓜大多为鲜食型水果，采摘时需保证成熟度，不可因早期价格高而提早采摘，导致果实未充分成熟，影响了品牌信誉。③在销售过程中，保证价格的稳定性，价格做到公平、公开、透明。通过以上措施，促进品牌的建设发展。达到适度规模面积时，可注册品牌商标，加强知识产权保护，进一步保障效益。

9 产业展示地点及定位

本项目示范地点位于黄冈市农业科技示范园内。西瓜吊蔓栽培模式较传统爬地模式相比，提高了单位土地面积产量，与爬地栽培模式相比，在相同的土地面积上，采用吊蔓式栽培，充分利用了空间，使得地面爬蔓转换成向空中爬蔓，栽培密度显著增加，坐果率提高，产量增加。该栽培模式产量高于传统的模式，有效提高单位土地面积效益，利于高效农业发展，且病虫害少，操作更加简便，效益显著，利于西瓜增产，农户增收。

该种模式充分利用空间提高西瓜产量及效益，利于田间采摘，丰富消费者田间体验的直观感受，走休闲观光农业发展道路。适宜做高端农业体验示范园建设及农业标准化版块建设。

葛长军（1982— ），男，研究生。2009 年在黄冈市农业科学院工作至今，主要研究方向为蔬菜栽培及育种。承担湖北省鲜食大豆区试等工作，同时研究黄州萝卜提纯复壮等科研工作。

邮箱：gchangjun@ 163. com

电话：13476640405

精品水果高质量高效益种植项目

徐丽荣

　　精品水果是指采用现代农业技术，生产出的高品质果品。与西方大规模机械化农业不同，精品水果的概念是从日本传入的，日本作为一个人口密度较大的国家，农业用地相对较少，需要解决如何提高单位土地附加值，提高单品价值的问题，而不是以量取胜，在这种理念影响下，催生了日本精品农业的发展。中国在当前农产品总量过剩的大前提下，一方面，需要学习美国走集约化、规模化、标准化的生产道路，保证农产品的基本供给；另一方面，需要走专业化、精品化生产道路，满足高端消费需求。

1　立项条件

　　精品水果种植，总体要求是适地适栽，其本身的生长需要一定的条件，包括温、光、水等因素，以及经营主体在种植精品水果过程中，考虑到后期节约人工成本、实现果园机械化的问题，同时，还需要考虑交通条件，最终需要实现产品效益的最大化，所以提出五点要求。

果园（1）

1.1 地势地形

果园建设要求地势相对平坦，有缓坡为宜，既要适宜机械化操作，又要便于汛期排水，园区总体坡度应不大于30°。果园应建设在阳面，光照条件好，全天日照时间长，有利于光合产物积累。

1.2 水源条件

果园需建设在离水源较近的位置，最好是在园区内有流动水源，且水量充足，能保证在旱期有足够的灌溉水；地下水位1m以上，有利于根系正常生长。

1.3 土壤条件

果园对土壤要求最为严格，要求土层深厚，以沙壤土为宜，土壤呈中性偏酸，有机质含量高。在后期种植过程中，需要通过生草或增施有机肥的方式逐年提高土壤有机质含量。有机质含量的高低，是决定大多数水果品质的一个重要因素。

1.4 交通便利

便利的交通条件，可以有效降低水果的运输成本，特别是规划作为采摘园的水果种植区，更是需要有便利的交通条件，要么距离市区较近，要么距离高速路出口较近，要求主要客户群体在2h车程内能到达。另外，要求园区的进出道路方便。

果园（2）

1.5 远离污染源

精品水果种植区要求具有良好的生态环境条件，远离污染源，要求园区内空气、土壤、水源等均不受环境污染。

2 产业现状

据资料统计，2000—2015 年，中国果园面积由 893.2 万 hm² 增至 1 281.6 万 hm²，呈稳定增长态势。2010—2015 年，中国水果总产量由 2.14 亿 t 增至 2.74 亿 t。2015 年，中国水果净进口 143 万 t；2016 年，中国鲜、干水果及坚果出口数量为 347 万 t，同比增长 21%；鲜、干水果及坚果出口金额为 52.1 亿美元，同比增长 6.7%；净进口 50 万 t。

中国人均水果消费量有巨大的提升空间。2015 年，中国水果消费量 2.66 亿 t（含水果加工）。从人均消费水平来看，中国离世界平均水平还有着很大的差距。2015 年我国水果人均年消费量为 32kg（仅即食鲜果），国务院办公厅印发《中国食物与营养发展纲要（2014—2020 年）》预测，2020 年我国水果人均消费量将达到 60kg。但就目前水平来说，相比健康标准 70kg 还有很大的差距，不足发达国家人均水果消费量 105kg 的一半。

中国农业科学院预测，2016—2024 年，农村居民年人均水果消费量将以 3.5%的速度增长，城镇居民家庭年人均消费量将以 1.2%的速度持续增长，到 2024 年人均消费量将达到 93.9kg；预计中国水果消费量总体规模将持续保持 2%~3%的增长。以 2%推算，2024 年我国水果市场规模将达到 3.24 万亿元。

3 品种选择

3.1 蓝莓

黄冈地区适合种植早熟或极早熟品种，成熟期在 5 月中下旬，避开梅雨季节，主要种植品种为南高丛品种，如奥尼尔、密斯迪、莱克西等。

3.2 梨

黄冈地区为砂梨适种区，当前主推的种植品种有翠冠、鄂梨二号、苏翠一号、秋月等品种，这些品种稳定性好，品质优。

3.3 桃

黄冈地区为桃树种植南界，露地条件下，种植极早熟品种，可以在 5 月中下旬成熟，早于全国大多数地区，能够实现较高的附加值。推荐种植春雪、狗血桃、锦绣黄桃等。有大棚设施条件的可以考虑种植油桃、蟠桃品种。

3.4 猕猴桃

大别山地区为野生猕猴桃的主要发源地，比较适宜猕猴桃的生长，推荐品种红阳、金桃、金魁等。

3.5 柑橘

当前主要种植一些高品质杂柑品种，推荐品种红美人、明日见、不知火等。最好是采用设施大棚栽培，避免冻害发生。

4 关键技术

4.1 起垄栽培技术

起垄栽培的优点有三个，一是增加根系的透气性；二是使根系生活在肥沃的活土层中，从而使树体更加健壮，为丰产优质奠定营养基础；三是可以减轻雨季积水对果树根系的涝害。通常做法是：

果园（3）

首先施入足量的、充分腐熟的优质有机肥，每亩 $8m^3$ 以上，再每亩施入150kg 18% 的过磷酸钙，均匀撒在果园地面上，耕翻 15～20cm。然后测出植树线，在行距 4m 的情况下，把中间 2m 处 15～20cm 的表层土起到两侧，形成高度 30～40cm、宽度 2m 的垄。再在垄的中间植树，行间生草，垄上覆盖。起垄栽培对于不同环境条件和树种需要区别对待。例如，地下水位高、土壤黏性重的土壤需要起高垄栽培；地下水位地、土壤沙性重、地势高的地块可以不起垄；相同地块种植梨树不需要起垄或起浅垄栽培，而种植桃树则需要起高垄。

4.2 果园生草技术

果园生草法是一项先进、实用、高效的土壤管理方法，在欧美、日本等国已实施多年，应用十分普遍，其主要优点一是可改善果园小气候，果园生草后，由于地面被草覆盖，导致土壤容积增大，而在夜间长波辐射减少，生草区的夜间能量净支出小于清耕区，缩小果园土壤的年温差和日温差，有利于果树根系生长发育及对水肥的吸收利用。果园空间相对湿度增加，空间水气压与果树叶片气孔下腔水气压差值缩小，降低果树蒸腾。近地层光、热、水、气等生态因子发生明显变化，形成了有利于果树生长发育的小气候环境；二是改善果园土壤环境，果园生草栽培，降低了土壤容重、增加土壤渗水性和持水能力，果园植物残体、半腐解层在微生物的

梨树棚架栽培　　　　　　　桃树两主枝栽培

猕猴桃园　　　　大棚柑橘　　　　蓝莓种植园

作用下，形成有机质及有效态矿质元素，不断补充土壤营养，土壤有机质积累随之增加，有效提高土壤酶活性，激活土壤微生物活动，使土壤 N、P、K 移动性增加，减缓土壤水分蒸发，团粒结构形成，有效孔隙和土壤容水能力提高；三是有利于果树病虫害的综合治理，果园生草增加了植被多样化，为天敌提供了丰富的食物、良好的栖息场所，克服了天敌与害虫在发生时间上的延迟现象，使昆虫种类的多样性、富集性及自控作用得到提高，在一定程度上也增加了果园生态系统对农药的耐受性，扩大了生态容量，制约着害虫的蔓延，形成果园相对较为持久的生态系统。

　　果园生草，以三叶草为例，黄冈地区可以在 5 月上旬或者 10 月上旬播种，要求在播种前对果园表层进行旋耕，随即进行播种，亩用种量为 2kg，一周后三叶草可以出芽。在接下来的半年时间内，需要对其他杂草进行清除，一直到三叶草布满整个果园。在每年的 6 月和 11 月，分别在三叶草生长量最大的季节，用打草机对三叶草

梨树棚架栽培

进行刈割。

4.3 病虫害绿色防控技术

　　病虫害绿色防控是促进农作物安全生产，减少化学农药使用量为目标，采取生物防治、物理防治、科学用药等环境友好型措施来控制有害生物的有效行为，实施绿色防控是贯彻"公共植保、绿色植保"的重大举措，是发展现代农业，建设"资源节约，环境友好"两型农业，促进农业生产安全、农产品质量安全、农业生态安全和农业贸易安全的有效途径。推广应用生物防治、物理防治等绿色防控技术，不仅能有效替代高毒、高残留农药的使用，还能降低生产过程中的病虫害防控作业风险，避免人畜中毒事故。同时，还显著减少农药及其废弃物造成的面源污染，有助于保护农业生态环境。

　　精品水果种植需要充分考虑果品安全问题，每 15 亩安装一盏杀虫灯，降低鳞翅害虫、金龟子、天牛等虫口密度，初春季节通过

桃树两主枝栽培

悬挂黄板、蓝板等降低蚜虫、蓟马为害，利用糖醋液等防治果蝇、实蝇等为害，利用捕食螨防治红蜘蛛等为害，同时用好石硫合剂和波尔多液等，特别是冬季进行清园消毒，减少病虫来源。

4.4 水肥一体化技术

水肥一体化技术，指灌溉与施肥融为一体的农业技术。水肥一体化是借助压力系统，将可溶性固体或液体肥料按土壤养分含量和作物种类的需肥规律和特点配制成肥液，与灌溉水一起通过可控管道系统供水、供肥，使水肥相融后，通过管道和滴头形成滴灌，均匀、定时、定量浸润作物根系发育生长区域，使主要根系土壤始终保持疏松和适宜的含水量；同时根据不同的作物的需肥特点，土壤环境和养分含量状况，作物不同生长期需水，需肥规律情况进行不同生育期的需求设计，把水分、养分定时定量，按比例直接提供给作物。

灌溉施肥的肥效快，养分利用率提高，可以避免肥料施在较干

猕猴桃园

的表土层易引起的挥发损失、溶解慢，最终避免肥效发挥慢的问题；尤其避免了铵态和尿素态氮肥施在地表挥发损失的问题，既节约氮肥又有利于环境保护。所以水肥一体化技术使肥料的利用率大幅度提高。据华南农业大学张承林教授研究，灌溉施肥体系比常规施肥节省肥料50%~70%；同时，大大降低了设施蔬菜和果园中因过量施肥而造成的水体污染问题。由于水肥一体化技术通过人为定量调控，满足作物在关键生育期"吃饱喝足"的需要，杜绝了任何缺素症状，因而，在生产上可达到作物的产量和品质均良好的目标。果树基本施肥有三次，初春萌芽肥料，主要提供春季萌芽抽枝、开花坐果所需营养，一般以氮肥为主，黄冈地区2月底—3月初施入；夏季膨果肥，主要提供果实营养所需，一般在4—5月施肥，以复合肥为主；秋季基肥，占全年的60%以上，为果树一年中最主要的一次肥料，一般以有机肥为主，适当配合施入复合肥、过磷酸钙等；有些果树可能还需要增加施肥次数，例如，葡萄在转色期需要增施专色肥，梨树生育期需要施两次膨果肥料等。

5 加工方向

5.1 生产糖水水果罐头

宜选用新鲜良好、糖酸比例适当、肉质厚、质地紧密细致、能耐热处理的水果，要求成熟度略低于鲜食熟度（8~9成熟）。

5.2 制作果汁、果酒

宜选用汁多、甜酸适度、香味浓郁的原料。如雪柑、锦橙、伏令夏橙、康可葡萄和溶质的桃子等品种均可制果汁；红橘、蜜柑、甜橙、葡萄、山楂等均可制果酒。

5.3 生产果酱

原料要求含果胶和果酸量较高，色泽鲜艳，如杏、山楂、柑橘类、苹果等。

5.4 生产果脯、蜜饯

要求选择水分含量少、含糖量高、质地柔韧、肉厚核小、含纤维少、耐贮运、耐热煮的果实，如苹果中的国光、红玉等。

6 投资规划（100亩果园计算）

6.1 蓝莓投资规划

6.1.1 固定资产投入

办公用房，1 000元/m²，需要50m²，总价5万元，年折算0.5万元；仓库，1 000元/m²，需要50m²，总价5万元，年折算0.5万元；冷库，5 000元/m²，建设20m²，10万元，年折算1万元；灌溉设施，600元/亩，100亩，总价6万元，年折算0.6万元；开沟起垄，1 000元/亩，100亩，总价10万元，年折算0.5万元；农机具，5台，总价8万元，年折算0.8万元；苗木，2 500元/亩，100亩，25万元，年折算1.25万元；草碳，2 500元/亩，100亩，25万元，年折算1.25万元；硫黄，600元/亩，100亩，6万元，年折算0.3万元；有机肥，800元/亩，100亩，8万元，年折算0.4万元；改土栽苗人工费，200元/亩，100亩，2万元，年折算0.1万元；防鸟网，300元/亩，100亩，3万元，年折算1万元；围栏，

2 000 元/亩，100 亩，20 万元，年折算 1 万元；杀虫灯，6 台，合计 1.8 万元，年折算 0.18 万元。

6.1.2　运营投入

有机肥，800 元/亩，100 亩，8 万元；化肥，300 元/亩，100 亩，3 万元；农药等，200 元/亩，100 亩，2 万元；人工费，2 000 元/亩，100 亩，20 万元；燃料费，200 元/亩，100 亩，2 万元；维修费，200 元/亩，100 亩，2 万元；地租，400 元/亩，100 亩，4 万元；管理费，4 万元。

蓝莓投资规划合计年投入：54.38 万元。

6.2　梨投资规划

6.2.1　固定资产投入

办公用房，1 000 元/m²，需要 50m²，总价 5 万元，年折算 0.5 万元；仓库，1 000 元/m²，需要 50m²，总价 5 万元，年折算 0.5 万元；冷库，5 000 元/m²，建设 20m²，10 万元，年折算 1 万元；灌溉设施，500 元/亩，100 亩，总价 5 万元，年折算 0.5 万元；开沟起垄，800 元/亩，100 亩，总价 8 万元，年折算 0.4 万元；农机具，6 台，总价 10 万元，年折算 1 万元；苗木，1 000 元/亩，100 亩，10 万元，年折算 0.5 万元；防鸟网，300 元/亩，100 亩，3 万元，年折算 1 万元；围栏，2 000 元/亩，100 亩，20 万元，年折算 1 万元；有机肥，1 200 元/亩，100 亩，12 万元，年折算 0.6 万元；栽苗人工费，50 元/亩，100 亩，0.5 万元，年折算 0.25 万元；棚架搭建，2 000 元/亩，100 亩，20 万元，年折算 1 万元；杀虫灯，6 台，合计 1.8 万元，年折算 0.18 万元。

6.2.2　运营投入

有机肥，1 200 元/亩，100 亩，12 万元；化肥，400 元/亩，100 亩，4 万元；农药等，200 元/亩，100 亩，2 万元；人工费，1 600 元/亩，100 亩，16 万元；燃料费，100 元/亩，100 亩，1 万元；维修费，200 元/亩，100 亩，1 万元；地租，400 元/亩，100 亩，4 万元；管理费，4 万元。

梨投资规划合计年投入：52.43 万元。

6.3 桃投资规划

6.3.1 固定资产投入

仓库，1 000 元/m²，需要 50m²，总价 5 万元，年折算 0.5 万元；开沟起垄，800 元/亩，100 亩，总价 8 万元，年折算 0.8 万元；农机具，4 台，总价 5 万，年折算 0.5 万元；苗木，800 元/亩，100 亩，8 万元，年折算 0.8 万元；围栏，1 000 元/亩，100 亩，10 万元，年折算 1 万元；有机肥，1 200 元/亩，100 亩，12 万元，年折算 1.2 万元；栽苗人工费，50 元/亩，100 亩，0.5 万元，年折算 0.25 万元；杀虫灯，6 台，合计 1.8 万元，年折算 0.18 万元。

6.3.2 运营投入

有机肥，1 200 元/亩，100 亩，12 万元；化肥，200 元/亩，100 亩，2 万元；农药等，200 元/亩，100 亩，2 万元；人工费，1 500 元/亩，100 亩，15 万元；燃料费，100 元/亩，100 亩，1 万元；维修费，100 元/亩，100 亩，1 万元；地租，400 元/亩，100 亩，4 万元；管理费，4 万元。

桃投资规划合计年投入：46.23 万元。

6.4 猕猴桃投资规划

6.4.1 固定资产投入

办公用房，1 000 元/m²，需要 50m²，总价 5 万元/亩，年折算 0.5 万元；仓库，1 000 元/m²，需要 50m²，总价 5 万元/亩，年折算 0.5 万元；冷库，5 000 元/m²，建设 20m²，10 万元/亩，年折算 1 万元；灌溉设施，1 000 元/亩，100 亩，总价 10 万元/亩，年折算 1 万元；开沟起垄，800 元/亩，100 亩，总价 8 万元/亩，年折算 0.4 万元；农机具，6 台，总价 10 万元，年折算 1 万元；苗木，1 000 元/亩，100 亩，10 万元，年折算 0.5 万元；围栏，2 000 元/亩，100 亩，20 万元，年折算 1 万元；有机肥，1 200 元/亩，100 亩，12 万元，年折算 0.6 万元；栽苗人工费，50 元/亩，100 亩，0.5 万元，年折算 0.25 万元；棚架搭建，2 000 元/亩，100 亩，20 万元，年折算 1 万元；杀虫灯，6 台，合计 1.8 万元，年折算 0.18 万元。

6.4.2 运营投入

有机肥，1 200 元/亩，100 亩，12 万元；化肥，200 元/亩，100 亩，2 万元；农药等，200 元/亩，100 亩，2 万元；人工费，1 500 元/亩，100 亩，15 万元；燃料费，200 元/亩，100 亩，2 万元；维修费，200 元/亩，100 亩，2 万元；地租，400 元/亩，100 亩，4 万元；管理费，4 万元。

猕猴桃投资规划合计年投入：50.93 万元。

6.5 柑橘投资规划

6.5.1 固定资产投入

办公用房，1 000 元/m²，需要 50m²，总价 5 万元，年折算 0.5 万元；仓库，1 000 元/m²，需要 50m²，总价 5 万元，年折算 0.5 万元；冷库，5 000 元/m²，建设 20m²，10 万元，年折算 1 万元；灌溉设施，1 000 元/亩，100 亩，总价 10 万元，年折算 1 万元；开沟起垄，800 元/亩，100 亩，总价 8 万元，年折算 0.4 万元；农机具，6 台，总价 10 万元，年折算 1 万元；苗木，1 000 元/亩，100 亩，10 万元，年折算 0.5 万元；围栏，2 000 元/亩，100 亩，20 万元，年折算 1 万元；有机肥，1 200 元/亩，100 亩，12 万元，年折算 0.6 万元；栽苗人工费，50 元/亩，100 亩，0.5 万元，年折算 0.25 万元；大棚搭建，20 000 元/亩，100 亩，200 万元，年折算 20 万元；杀虫灯，6 台，合计 1.8 万元，年折算 0.18 万元。

6.5.2 运营投入

有机肥，1 200 元/亩，100 亩，12 万元；化肥，200 元/亩，100 亩，2 万元；农药等，200 元/亩，100 亩，2 万元；人工费，1 500 元/亩，100 亩，15 万元；燃料费，200 元/亩，100 亩，2 万元；维修费，200 元/亩，100 亩，2 万元；地租，400 元/亩，100 亩，4 万元；管理费，4 万元。

柑橘投资规划合计年投入：69.93 万元。

7 效益核算（按100亩计算）

7.1 蓝莓

亩产蓝莓鲜果400kg，其中一级果100kg，单价50元/kg；二级果200kg，单价30元/kg；三级果100kg，单价10元/kg，亩收入1.2万元，100亩收入120万元。年支出55.38万元，年收益64.62万元。

7.2 梨

亩产梨鲜果3 000kg，商品果率90%，商品果2 700kg，单价5元/kg；亩收入1.35万元，100亩收入135万元。年支出52.43万元，年收益82.57万元。

7.3 桃

亩产桃鲜果3 000kg，其中一级果1 000kg，单价5元/kg；二级果2 000kg，单价2元/kg；亩收入0.9万元，100亩收入90万元。年支出46.03万元，年收益43.97万元。

7.4 猕猴桃

亩产猕猴桃鲜果3 000kg，商品果率85%，商品果2 400kg，单价6元/kg；亩收入1.44万元，100亩收入144万元。年支出50.93万元，年收益93.07万元。

7.5 柑橘

亩产柑橘鲜果3 000kg，商品果率85%，商品果2 400kg，单价8元/kg；亩收入1.92万元，100亩收入192万元。年支出69.93万元，年收益122.07万元。

8 风险分析

8.1 技术风险

精品水果种植需要一定的技术作为支撑，有些果园由于技术原因，会出现一些问题。例如，果树病虫害防治方面不及时或者没有进行有针对性的防治，会出现病虫害危害严重，树势弱、产量低；果树在整修修剪方面没有采取正确的措施，导致晚结果或者产量

大棚柑橘

低；施肥以及熟果等工作不到位出现的商品果率比较低。不同果树的栽培都有相应的配套技术，技术不到位，就不能产出高品质的水果，整个工作就成了无本之木。

8.2 市场风险

在国内农产品总体产量过剩的大背景下，做好市场是关键。首先在选择果树种类的时候，需要进行前期的市场调研，根据现有的资源来确定种植的果树。例如，有朋友做某种水果销售等工作，或者比较了解某种水果的市场。其次需要对当前的本地区市场种植布局、产量、销量等方面的情况进行调研，对市场进行预判。市场行情变化不外乎供需平衡。

8.3 其他风险

其他方面风险也很多，例如，资金是否充足，管理措施是否能及时到位，当地有效劳动力是否充足，当地政府支持力度，以及气候因素等方面的问题。任何方面出现问题都可能出现较大的风险。

9 品牌建设

9.1 品牌建设规划

一个好的品牌规划，等于完成了一半品牌建设；一个坏的品牌规划，可以毁掉一个事业。做规划时要根据品牌的十大要素提出明确的目标，然后制定实现目标的措施。对于一个已经发展很多年的企业，还要先对这个企业的品牌进行诊断，找出品牌建设中的问题，总结出优势和缺陷。这是品牌建设的前期阶段，也是品牌建设的第一步。

9.2 全面建设品牌

这个阶段很重要。其中最重要的一点，就是确立品牌的价值观。确立什么样的价值观，决定企业能够走多远。有相当多的企业根本没有明确、清晰而又积极的品牌价值取向；更有一些企业，在品牌价值观取向上急功近利、唯利是图，抛弃企业的人文关怀和社会责任。制定的品牌价值取向应非常明晰，首先是为消费者创造价值，其次才是为股东创造利益。

9.3 形成品牌影响力

企业要根据市场和企业自身发展的变化，对品牌进行不断的自我维护和提升，使之达到一个新的高度，从而产生品牌影响力。直到能够进行品牌授权，真正形成一种资产。这三个过程，都不是靠投机和侥幸获得的，也不能一蹴而就。

蓝莓种植园

10 产业定位

在产品种类布局上，实行一主多副的模式，80%的果园面积种植同一个品种，20%的面积，集中种植多个品种。正所谓以正合，以奇胜，以大宗产品保证市场利润的同时，以少量的新、奇、特产品实现突破。

在种植模式上，实现高标准建园，前期投入到位，并且多采用当前主推技术，有利于后期管理，最好是按照机械化发展方向进行建园，在时机成熟时，逐渐实现果园机械化操作，节约成本，同时还可以提高果实品质，实现果品品质稳定。

在产品营销方面，采取多种途径。结合打造品牌，推广产品，实现销售逐步上升。在产品批发销售的基础上，注重果园观光体验采摘，同时结合品牌直销等销售方式，迅速占领市场。

精品水果种植，切忌盲目追求新奇特的品种，任何新的品种都有其最佳的适合种植条件，前期一定要小面积试种。另外，当前好的果树品种很多，在种植栽培上，要做到科学谋划、精细管理，种出果树的最佳状态。更多精品水果种植相关内容，欢迎到黄冈市现代农业科技示范园参观指导。

作者简介

徐丽荣（1985—　），湖北罗田人，2011 年毕业于中国农业科学院研究生院植保专业，获得硕士学历和学位，农艺师职称，湖北省青年科协会员。2011 年 7 月以来一直在黄冈市农业科学院都市农业研究所科研一线工作，主要从事果树栽培及林下种养相关研究及技术推广服务工作。先后参与并承担省市级课题项目 8 项，获得省级科研成果 2 项，在农业核心期刊上发表科技论文 6 篇。荣获"湖北省区试先进个人"，是黄冈市农科院近几年引进人才中的青年拔尖人才和后备重点培养科研骨干人员。

邮箱：396131052@ qq. com

电话：13871983422

油茶高效综合栽培项目

胡孝明

随着人们生活水平的提高和健康意识的增强，天然、绿色、无污染的油茶产品因其独特丰富的营养和明确显著的保健功能，越来越受到消费者的青睐；市场需求火爆，产品供不应求，价格连年上涨。油茶高效综合栽培项目符合国家、湖北省及黄冈市产业发展需求，具有技术成熟，风险小，收益大、稳、长的优点。油茶树正成为山区农民脱贫致富的摇钱树；油茶产业发展正面临千载难逢的历史机遇。

1 立项条件

1.1 气候条件

油茶（*Camellia oleifera* Abel），属山茶科（Theaceae）山茶属（*Camellia* L.）植物，与油橄榄、油棕、椰子并称为世界四大木本油料植物，是我国特有的油料植物。油茶喜温暖，怕寒冷，生长在北纬18°18′~34°34′。要求年平均气温16~18℃，花期平均气温为12~13℃，突然的低温或晚霜会造成落花、落果。要求有充足的阳光与通风，否则只长枝叶，结果少，出油率低。要求水分充足，年降水量一般在1 000mm以上，但花期连续降雨，影响授粉。黄冈市全境都适合油茶种植。

油茶高效栽培技术集成研发基地
（蕲春县管窑镇江凉村，2016 年 10 月）

1.2 土壤条件

油茶对土壤要求不甚严格，耐贫瘠。适宜湿润、透气性好、保水性强、深厚肥沃、壤质且含有少量石砾、pH 值 5~6 的酸性红壤或红黄壤。大别山区（黄冈市）土壤条件适合油茶种植。

1.3 地理环境

要求海拔 500m 以下，坡度 5°~25°，通风透光，排水良好的丘陵、山岗或平原等地类。

2 产业现状

2.1 油茶种植前景

油茶营养独特丰富，经济价值高。茶油含有90%以上人体必需且自身不能合成的不饱和脂肪酸，是中国特有的纯天然高级油料，也是世界上最优质的食用植物油之一。因此，国际粮农组织首推茶油为卫生保健植物食用油。此外，茶油及其附产品还含有丰富的维

湖北省军区副政委李尚林少将到基地调研指导
（2016 年 11 月）

生素 E、山茶苷、茶皂素、茶多酚和黄酮等多种生理活性物质，具有防癌抗癌、降"三高"、抗衰老和防止心脑血管疾病等多种保健功效。

　　油茶产业高度契合国家产业发展战略与需求，产业支持力度大。2009 年，国务院制定并颁布了新中国成立以来第一个单一树种的产业发展规划《全国油茶产业发展规划（2009—2020 年）》；2015 年，国务院办公厅发布了《关于加快木本油料产业发展的意见》，进一步强调要加快油茶等木本油料产业发展；2016 年，国家又将油茶列入精准扶贫的主要树种，标志着油茶产业已上升为国家粮油安全战略和国家精准扶贫行动，是由国家倡导并积极推动的朝阳大产业。各地相应出台了支持油茶产业发展的具体政策和措施；黄冈市 2017 年出台了《关于加快发展油茶产业的意见》政府文件（黄政发〔2017〕43 号），标志着黄冈市油茶产业发展进入一个新时代。

　　目前，我国油茶种植面积不大，总产量不高，远远不能满足消

黄冈市人民政府办公室文件

黄政办发〔2017〕43号

市人民政府办公室
关于加快发展油茶产业的意见

各县、市、区人民政府，龙感湖管理区，市直有关单位：

为深入贯彻落实《中共中央国务院关于深入推进农业供给侧结构性改革加快培育农业农村发展新动能的若干意见》（中发〔2017〕1号）、《省委省人民政府关于深入推进农业供给侧结构性改革加快培育农业农村发展新动能的实施意见》（鄂发〔2017〕1号）、《市委市人民政府关于深入推进农业供给侧结构性改革加快培育农业农村发展新动能的实施意见》（黄发〔2017〕1号）文件精神，持续推进农业供给侧结构性改革，培育新的扶贫产业，促进贫困群众长期稳定脱贫致富，推进我市油茶产业健康快速发

黄冈市人民政府关于加快发展油茶产业出台文件
（2017年7月）

费者需求，市场潜力巨大，产业前景广阔。

2.2 茶油行情及其加工现状

油茶生长在北纬18°18′~34°34′的中国土地上，全国现有栽培面积约4 500万亩，年产油茶籽100万t，产茶油仅27万t，供需矛盾突出。近两年，茶油市场价格在每千克160~300元，不同加工精炼程度、不同产地与消费市场，价格变化幅度较大。

目前国内茶油加工企业普遍存在技术落后、精深加工能力不足问题。大部分企业还停留在作坊式加工阶段，具备先进生产工艺和大规模生产能力的企业严重不足。油茶资源综合利用能力弱，对茶

油生产中的副产物如茶壳、茶粕的开发利用率较低，限制了行业发展。因此，茶油加工急需培育一批具有大规模生产能力、先进加工与精炼工艺和高效资源综合利用能力的现代化油茶加工企业。

黄冈市副市长余友斌、麻城市长蔡绪安等参观梅花山基地 **（2017 年 11 月 9 日）**

3 品种选择

油茶造林必须使用经过国农或省级林木品种审（认）定委员会审定的优良品种、优良无性系和优良家系合格良种嫁接苗。提倡使用容器苗，严格执行"三证一签"和苗木检疫制度，确保苗木质量。经过多年的试验和实践，以下优良品种适宜在湖北栽种。

3.1 长林系列

该优良无性系品种由中国林业科学院亚热带林业研究中心经过多年培育、选拔，具有早实、丰产、稳产、出籽率高、含油量高、抗性强的特点。盛果期平均亩产茶油 30 ~ 60kg，盛果期可达 100 年。其代表性品种有：长林 3 号、长林 4 号、长林 18 号、长林 21 号、长林 23 号、长林 27 号、长林 40 号、长林 53 号、长林 55 号。

麻城市顺河镇枣林岗村天然荒废油茶林资源综合利用示范基地

（2016 年 11 月）

3.2　湘林系列

湖南省林业科学院选育出的优良无性系列油茶新品种，具有结果早、产量高等优点，结果期较之常规油茶品种的实生苗造林提前4~5 年。品种有：湘林 5 号、湘林 1 号、湘林 51 号、湘林 64 号、湘林 104 号、XLC14、XLC15 等。

3.3　鄂油系列

该系列由湖北省林业科学院选育，主要品种有：鄂油 151 号、鄂油 102 号、鄂油 54 号、鄂油 465 号、鄂油 63 号、鄂油 81 号等，适宜湖北栽培，表现良好。

4　关键技术

4.1　深耕垦复

油茶根系发达，要求土壤深厚、疏松，因此，造林前一定要深耕垦复。平坦或缓坡地采用全垦，并尽可能深垦；坡度中等地类应采用条垦，外高内低，带宽 2~3m，带上按株距定点挖穴，穴的大小规格为长、宽、深 0.8~1.0m；坡度较大的地类采用穴垦，穴的大小规格为长、宽、深 0.6~1.0m。无论哪种方式，都应尽量深垦松土，给油茶根系生长营造疏松的土壤环境。

4.2 品种配置

油茶自交不亲和，属异花授粉树种。为了提高授粉率和坐果率，应选择 3~5 个花期、果期一致，适宜本地区生长的优良品系，混合配置造林。

4.3 科学施肥

科学施肥对油茶高效栽培至关重要，既能大大缩短果前期，提前进入盛果期，又能大幅提高产量和品质。基肥：每穴施石灰 0.25kg、有机肥 5~7kg、复合肥 0.2~0.3kg。基肥应深施，距苗根底部在 15cm 上下为好，浅施会烧根。追肥：一般在 3 月上旬、5 月下旬、7 月中下旬各施 1 次，以有机肥为主，化学肥料为辅，优先选用油茶专用肥。

4.4 修剪整形

幼树应及时修剪整形，树高 50~60cm 开始打顶，促进侧枝发达，形成高产冠幅，以"1 杆 3 枝 9 条梢"结构较为合理。成林树在采果后到春梢萌发前修剪，按照由下至上、由内至外顺序修剪，做到枝叶繁茂，通风透光，增大结果体积。此外，还应剪去干枯枝、衰老枝、下脚枝和病虫枝。

5 投资规划

油茶高效栽培项目前期投资周期相对较长，3 年后才有经济效益。前 3 年投资较大，3 年后进入收效期，每年投资降低。前 3 年共需投资约 3 000 元/亩，3 年后每年投资约 800 元/亩（含土地流转费 300 元/亩）。前 3 年具体投资如下。

5.1 土地流转费

土地流转费 3 年共 900 元/亩（每年 300 元/亩）。流转费差别较大，不同地类流转价格不同，一般耕地 300 元/亩，平缓肥沃地 500 元/亩；荒山荒坡地较低，50 元/亩以下。

5.2 垦复整地

前 3 年垦复整地共需约 800 元/亩，第一年初次垦复需全层深垦，费用 400 元/亩（机械和人工），以后每年用旋耕机浅垦松土一次，费用 150 元/亩，两年 300 元/亩。若是荒山荒坡，初次垦复费用将高达 1 000 元/亩，但荒山荒坡土地流转费较低。因此，长期来看，荒山荒坡造林成本比耕地便宜很多。

5.3 苗木、肥料及除草

苗木、肥料及除草剂 900 元/亩，其中，苗木 240 元/亩，每亩 80 株，每株 3 元。前 3 年肥料 360 元/亩、除草剂 300 元/亩。肥料以有机肥为主，配合施肥化学肥料。除草以人工为主，适当使用低毒低残留除草剂。

5.4 人工及管理

三年人工费 500 元/亩，主要用于幼苗栽植、施肥、中耕、除草、整枝及照看等。

6 效益概算

油茶是中国特有木本油料经济林，其种植受土壤和温光等地理气候因子所限，仅适合于我国长江以南及少数北部地区栽种；同时受种植历史、种植习惯及种植技术影响，目前的生产能力远远不能满足国内外市场需求，供需矛盾突出。油茶生产的地域性、季节性和周期决定了短时间内也无法解决供需矛盾，因此，油茶产业市场风险小。油茶树寿命可达几百年，盛果期可达百年以上，收益期长。

尽管前 3 年投资相对较大，投资周期相对较长，但油茶高效栽培项目投资收益大、收益稳。从第 4 年开始，每年仅油茶直接收益可从 2 000 元/亩快速增加到 8 000 元/亩。如果综合利用林下经济（林下套种和林下生态养殖），每年收益可达 20 000 元/亩（投资相应增大），具体效益概算如下。

6.1 油茶结果

从第 4 年开始进入盛果期，之后几年，随着树体长大，油茶果产量快速增加。第 4 年每棵油茶树可结毛果 5kg，按每亩 80 棵计算，可产毛果 400kg，晒成干籽 100kg，加工茶油 25kg，按每千克茶油 120

元计算，亩产值可达 3 000 元，纯收入可达 2 000 元/亩。之后随着树体长大，亩产油可高达 100kg 以上，收入达 8 000 元/亩。

6.2 林下套种

油茶林下可套种花生、芝麻、豆类、牧草和中药材，既能起到防草、防旱、肥地的作用，又能降低成本、增加收入。如套种中药材，每年可增加 5 000 元/亩。

6.3 林下养殖

充分利用林下资源，发展"油茶+生态养殖"，探索绿色、有机、循环、生态、高效现代农业新模式。如林下种植牧草（如白花三叶草），进行生态养殖（如养殖土鸡），每年可增加收入 7 000 元/亩。牧草、昆虫和原生态饲料喂鸡，鸡粪肥地，既增加收入又培肥地力，还解决了养殖行业普遍存在的环境污染难题。

7 油茶高效栽培示范基地简介

黄冈师范学院生物与农业资源学院油茶研究团队进行了多年的技术研发，取得了"油茶高效栽培技术集成"和"天然荒废油茶林资源高效综合利用"技术成果，大大缩短了果前期，有效解决了制约油茶产业发展"周期长、见效慢"瓶颈难题，为油茶产业快速发展提供技术支撑。

7.1 油茶高效栽培集成技术

7.1.1 油茶高效栽培集成技术简介

2012—2016 年，黄冈师范学院油茶研究团队进行了"油茶高效栽培集成"技术研发，实现了"一年栽种、三年见效、四年进入盛果期、年亩产值达两千元"的高效栽培目标，提前 3～5 年进入盛果期。该成果集成了良种、耕作、施肥、防草、整枝、病虫害防治等多项技术；其中，耕作、施肥和防草为关键技术。该研发基地位于湖北省黄冈市蕲春县管窑镇江凉村，面积 224 亩，之前为长满巴茅的荒坡地。2012 年栽种幼苗，三年后（2015 年）成功挂果，四年后（2016 年）果实累累，平均树高 1.6m，部分单株结果高达 20kg，年亩产值达 2 000 元。2016 年 11 月 13 日，黄冈电视台以

《科技创新让荒山变"金山"》为题进行了专题报道。

胡孝明 黄冈师范学院教授
光照通风受到影响

湖北电视台"湖北新闻"报道
（2017 年 9 月 10 日）

7.1.2　麻城市梅花山 2 000 亩油茶高效栽培成果转化及产业扶贫示范基地简介

为了尽快转化和推广油茶高效栽培集成技术成果，黄冈师范学院油茶研究团队注册成立了"湖北景秀生态农林科技有限公司"筹集社会资金，全力打造"油茶高效栽培成果转化及产业扶贫"示范基地。基地位于湖北省麻城市顺河镇梅花山村，面积 2 000 亩，2017 年 1 月完成土地流转，取得 30 年经营权；2017 年 3 月完成幼苗栽植任务，当年成活率高达 90%，长势良好。2017 年 9 月 12 日，麻城市政府组织各乡（镇、场）书记、乡镇长 80 多人到基地参观学习；2017 年 11 月 9 日，黄冈市政府组织各县（市、区）130 多人到基地观摩学习。基地建设目标为四年投资 600 万元，建成具有 6 大功能的综合示范基地：一是产业扶贫示范基地，基地每年通过土地流转、劳务用工和入股分红为当地村民创收 90 万元，每年可带动当地贫困人口 38 户 116 人脱贫；二是科技研发示范基地，针对油茶产业发展的重大需求和关键技术开展协同创新、联合攻关；三是成果转化与产业推动示范基地，通过基地成果转化示范引领作用，带动黄冈市应用高效栽培技术成果 30 万亩；四是绿色、有机、生态、高效现代农业示范基地，基地将以油茶产业为依托，充分利用油茶林下资源，种植具有固氮功能的豆科牧草（如白花三叶草），既能以草防草、以草肥地、保湿防旱、美化环境，又能作为饲料发展生态养殖，如散养土鸡，鸡粪再肥地，实现资源循环利用，构建"油茶+生态种养殖"模式，探索具有绿色、有机、循环、生态、高效等综合功能的现代农业新模式；五是休闲与观光农业示范基地，利用油茶花、山茶花、绿草、生态种养殖以及乡村自然风貌和风景，打造休闲与观光农业示范基地；六是产学研深度融合、校地企无缝对接示范基地，打造融产、学、研为一体的多功能学科平台和集精准扶贫、社会服务和转型发展于一身的地方高校发展的特色示范品牌。

胡孝明教授为法人的科技公司获湖北省科技创新大赛奖
（2017 年 12 月）

麻城市梅花山 2 000 亩油茶高效栽培成果转化及产业扶贫示范基地
（2017 年 1 月）

7.2　天然荒废油茶林资源综合利用

7.2.1　天然荒废油茶林资源简介

天然荒废油茶林资源是由 20 世纪 70 年代"万人上山栽万亩油茶"直接或间接形成的。人工栽种的油茶林在近 40 年的生长过程中，其种子经过鸟兽搬运撒播，形成满山遍野、比人工栽种面积大几倍的油茶林，其数量巨大、分布广泛，黄冈市山区乡镇均有分布，总面积达 70 万亩。其特点是面积大、分布广、无人管、无效益。由于地处山区，天然油茶林资源一直处于荒废状态，没有引起关注和重视，更没有得到开发和利用。

7.2.2　天然荒废油茶林资源综合利用技术简介

黄冈师范学院油茶研究团队经过多年的调查、实验和研究，成功研发了天然荒废油茶林资源综合利用技术和模式。该技术主要包括天然荒废油茶林快速成园技术、矫正施肥技术、高位嫁接技术、老树及过密树综合利用和林下生态养殖技术等，在此基础上构建了天然荒废油茶林资源高效综合利用模式，并在麻城市建成核心示范基地 8 个，面积 2 000 余亩。基地经济效益和示范作用显著，为山区农民增收 300 余万元，先后接待 580 人次观摩学习，培训技术人员 1 500 人次。基地示范效果引起了媒体和领导关注。2017 年 9 月 10 日,湖北电视台"湖北新闻"头条报道。2017 年 7 月 10 日,黄冈市委刘雪荣书记慧眼识金,看到了天然荒废油茶林资源的珍贵及其利用价值,对黄冈师范学院油茶研究团队撰写的《黄冈市荒废油茶林资源开发利用》智库建议作出重要批示,指示要加快荒废油茶林资源开发利用;随后,黄冈市政府出台了《关于加快发展油茶产业的意见》政府文件,极大促进了黄冈市油茶产业发展。2018 年 12 月 31 日,刘雪荣书记签批的《黄冈市荒废油茶林资源开发利用》智库建议成果荣获湖北发展研究奖三等奖。

黄冈市委书记刘雪荣对智库建议的指示

获得湖北发展研究奖（2016—2017年）三等奖（1）

（2018年12月）

000809

湖北省人民政府文件

鄂政发〔2018〕52号

省人民政府关于颁发
湖北发展研究奖（2016—2017年）的通报

各市、州、县人民政府，省政府各部门：

为充分调动和凝聚社会智力资源，深入开展决策咨询研究，更好地发挥智库的作用，服务湖北改革发展，省人民政府决定，授予《湖北省创新能力与精准创新驱动发展对策研究》等4项成果湖北发展研究奖（2016—2017年）一等奖；授予《基于最优社会成本的城市电网发展策略研究与应用》等20项成果湖北发展研究奖（2016—2017年）二等奖；授予《现代农业发展理论与湖北实践》等56项成果湖北发展研究奖（2016—2017年）三等奖。

— 1 —

获得湖北发展研究奖（2016—2017年度）三等奖（2）

（2018年12月）

序号	成果名称	主要完成单位	主要完成人
49	黄冈市荒废油茶林资源开发利用	黄冈师范学院	胡孝明、吕文娟、孙学成、胡路漫、宋丛文
50	关于全省富硒产业发展情况的报告	湖北省地质局	朱厚伦、张炜、戴光忠、熊超、杨良哲
51	湖北率先实现"中部崛起"的交通物流瓶颈与对策研究——以水运交通为例	武汉纺织大学	叶茂升、黄纯辉、段丁强、李正旺、董继华
52	湖北困境儿童文化权保障相关建议	长江大学	李华成、彭继平、杨春磊、曲直、王红梅
53	武汉上市企业发展的现状、问题与对策——基于武汉、南京、成都的比较研究	江汉大学	杨波、尤炫睿
54	以技改拓存量扩增量 推动武汉工业投资、工业增长加快回升——关于推进我市工业技改的八点建议	武汉市政府研究室	傅浩、后国明、曹磊、陈波
55	加快湖北科技金融创新研究	湖北省创业投资引导基金管理中心	傅丽枫、过文俊、黄孝武、陈雄兵、吕勇斌
56	推进湖北武陵山片区互联网＋农业扶贫新模式的对策研究	中南民族大学	朱容波、杜冬云、帖军、钱文彬、王江晴

获得湖北发展研究奖（2016—2017 年度）三等奖（3）

（2018 年 12 月）

天然荒废油茶林既是大自然的恩赐，也是前人留下的宝贵财富，可谓沉睡深山的摇钱树。实验表明，天然荒废油茶林资源开发利用具有周期短、见效快，投资小、效益大的优点；当年开发当年见效，且效益逐年快速增长。仅油茶果一项直接经济效益可达到2 000 元/亩以上，若综合开发利用天然荒废油茶林其他珍贵资源，可获得更高的经济效益。如高大衰老的油茶树可嫁接名贵的山茶花，密度较大的油茶树可移植新发展，因其树体较大，果前期短，能提前 2~3 年进入盛果期；还可利用油茶林下资源，从事生态养殖，如散养土鸡等。

作者简介

　　胡孝明（1965—　），毕业于华中农业大学，获博士学位，现任黄冈师范学院生物与农业资源学院教授、硕士生导师；主要研究方向为植物营养与施肥。主持"中央引导地方科技发展油茶专项"等科研项目 20 余项，发表学术论文 30 余篇，获湖北省政府丰收计划三等奖 1 项、湖北省政府发展研究三等奖 1 项、教育部科技进步二等奖 1 项。先后被聘为湖北省科技特派员、湖北省科协"科技助力精准扶贫"特聘专家、麻城市和蕲春县"三区"人才。

　　邮箱：1327124550@ qq. com

　　电话：18507252228

大别山山野菜驯化栽培项目

闫　良

1　立项条件

山野菜因其"鲜、绿、野"的外形特征和"营养、药用、美味"的特点而闻名，是名副其实的绿色食品、有机食品。其生长环境较为独特，一般生长在海拔 500m 以上的山林地区，喜阴喜湿，忌阳光直射且怕涝。黄冈市地处湖北省东部，大别山南麓，山地面积占全市土地总面积的 34.25%，有海拔 1 000m 以上山峰 90 余座，林地资源极其丰富，是发展山野菜人工驯化栽培的理想场地。在低海拔地区发展山野菜人工驯化栽培项目需借助适当的遮阳设施或进行林间栽培。目前黄冈市各县（市、区）山野菜人工栽培主要集中在高山、半高山地区和水网湖滨地区。

2　产业现状

大别山南麓属于北亚热带向暖温带过渡地带，亚热带季风气候，兼有暖温带气候特征，为半湿润气候类型。自然条件优越，光照条件充足，雨量充沛.气候温和，适宜于众多植物生长繁衍，相关研究资料表明，大别山区可食用森林蔬菜资源近 68 科、300 余种，大型真菌类近 100 余种。近几年黄冈市各级农业部门和企业加快开发利用野生蔬菜，已经取得一定成效。现已被开发食用的野生蔬菜有 80 种，资源面积 19.6 万亩，鲜菜产量约 6.7 万 t，产值 2.73 亿元。资源面积在万亩以上的有野竹笋、白花菜、藜蒿、野菱角、芡实、桔梗等 6 种，资源面积千亩以上的有蕨菜、茭白、野葛根、马齿苋、黄花菜、水芹菜、地藕、荠菜等。

现阶段已成功驯化栽培山竹笋、茭白、藜蒿、芡实、桔梗等山野菜品种，并取得良好的经济效益。如浠水县农业局蔬菜水果花卉科技开发中心利用大棚成功栽培了野生藜蒿，种植面积达2.01hm²，产藜蒿2.25万kg/hm²，总产值1 000万元，销往北京、天津、武汉、上海、黄石、黄州等大中城市；黄梅县柳林乡成功人工种植雨花菜13.3 hm²，其中投产面积3.3hm²，年销售收入达12万元；在黄冈市现代农业科技示范园内，黄冈市农业科学院现已开展大别山香椿矮化密植驯化栽培示范近5年，平均每亩每年收入6 000~10 000元。

3 品种选择

从加工利用角度推荐、选择。

3.1 目前具有一定开发利用规模的山野菜品种

这类山野菜主要包括：黄花菜、蕨菜、香椿、竹笋、荆芥、苦菜（观音菜）、白花菜（珍珠菜）、芹菜、黑木耳、天麻、香菇、百合等十几个品种，这些种类食用历史悠久，加工利用技术和食用方法已趋于成熟化，并形成了一定的加工规模，已加工成干、鲜、袋装和瓶装等各种野菜制品，有较大

荆芥引种栽培

的销售市场，形成规模效益。其中香椿、芹菜、黄花菜、蕨菜、竹笋、荆芥、苦菜、白花菜等品种不仅以鲜菜食用，也可进行腌制或者利用太阳光晒干精工干制，黑木耳、天麻和香菇以精工干制为主。

3.2 各地集贸市场销售的山野菜品种

这些山野菜资源主要包括以下几个品种：马齿苋、霞草、米瓦

罐、地肤和林农在林下所采集的松菌、美味红菇等，由于这些山野菜未形成规模，大都为农民自发采集，缺乏加工，所以主要以鲜菜形式在地方集贸市场上随季节交替上市，上市的时间也大都集中在3—7月，但这些山野菜资源在大别山中贮藏量却是相当丰富，有待进一步开发利用。

3.3 在市场上难以发现，但民间食用量相当广泛的山野菜资源

这一类在大别山罗田县区域野菜资源中占有相当大的比重，开发潜力很大如菱角、槐花、榆叶、野蒜、蒲公英、野山药、地瓜苗等，这些种类的山野菜有的食根，有的食花，有的食嫩叶、嫩芽，其食用口感和营养保健价值等均属上等，开发利用前景广阔，有待进一步研究、开发利用。

3.4 山林之中资源丰富却较少食用但有食用价值的山野菜资源

这类山野菜在野菜资源之中占有的份额非常大，但因为缺少开发以至于食用量不大，主要包括一些已经确认为山野菜但尚未加工利用的一类，这类山野菜在大别山区域居多，但因缺乏这方面系统全面的研究，难以进行开发利用。这类资源还包括已被专家认证的可以食用或者正在少量食用、可进行开发利用的一类山野菜，这类山野菜在科研之中广泛应用，大量研究，如紫苏等，其食用价值已经开发，但其他的价值如药用、保健价值等尚在研究之中。

总之，应因地制宜，根据当地的实际生态环境，结合相应的市场，进行合适又适宜的山野菜品种栽培。

4 关键栽培技术

山野菜生长环境较为独特，一般生长在海拔 500m 以上的山林地区，喜阴喜湿，忌阳光直射且怕涝，主要集中在高山、半高山地区和水网湖滨地区人工栽培，在低海拔地区发展山野菜人工驯化栽培项目需借助适当的遮阳设施或进行林间栽培。同时在生产种植时还需注意以下五个技术要点。

第一，人工驯化管理时，需要根据不同季节和野菜的特性采取不同的栽培管理措施。整体上做到：寒冷季节适当采用冬暖棚，春秋季可以采用拱棚或露地栽培，炎夏种植不喜强光的野菜需要采用

遮阳网栽培。

第二，多数野菜以幼嫩的茎叶或花薹为产品，也有以肉质根供食用的。因此，栽培管理时在施足基肥的基础上，要深翻、疏松土壤。追肥应以氮肥为主，并结合叶面喷施磷酸二氢钾和尿素及硫酸锌溶液，以使叶片肥厚、油亮，提高产品的品质和商品价值。

第三，多数野菜具有较强的抗逆性和适应性，根系发达，但有的则是发达的肉质根。所以种植野菜进行田块选择时，仍以疏松肥沃的沙质土壤为好，田间避免积水，做到旱能浇，涝能排。

第四，不使用农药，为了确保野菜的天然和绿色无污染，一般不施用农药。

第五，在品种选择上，结合当地实际情况，尽量对已有野菜品种进行驯化栽培，避免盲目引种。

下面主要介绍蕺菜（鱼腥草）的栽培技术以作为参考。

4.1 蕺菜栽培技术

蕺菜，别名折耳根、鱼腥草。

4.1.1 栽培季节

蕺菜可周年栽培。正季栽培 1—4 月初播种，以清明节前后为最佳时期。反季节栽培 5—12 月播种。

4.1.2 栽培模式

以单种为主，也可在经果林，人工林地中套种或与包玉、菜豆、辣椒等作物间种。

4.1.3 繁殖材料

以地下根状茎作无性繁殖。在播种前，选挖粗壮，新鲜而无霉烂的根状茎，从节间处剪成长 4~6cm 的小段，每段必须有 2~3 个节的小段做种，每亩用种量 70~100kg。如种茎过长，用种量就大，造成浪费，种茎过短，易失水萎蔫，影响发芽出苗。

4.1.4 整地作畦，开沟条播

在选定的耕地，深耕细耙，作成宽 1.2m，高 15~20cm 的畦，畦面上横向开播种沟，沟宽 13~15cm，深 15~20cm，沟距 30cm。

每亩可用适量的腐熟猪粪、牛粪、草木灰、油枯 70~80kg，或钙镁磷肥 40kg，或钾素肥 10~15kg。氮素肥料不宜多施，加入草木灰或钾素肥增加钾肥，可有效地提高蕺菜品质，保持蕺菜特有的风味。肥料均匀地混合后，施入播种沟中同土壤拌匀后，再盖上 2cm 厚的土壤，将种茎均匀地撒播于沟内，保持每段 2~3cm 的距离，然后稍加压后浇水，保持土壤湿润，再将第二沟开沟的土壤盖入本沟约 8cm 厚，如此类推即可。

苦菜引种栽培

4.1.5 田间管理

蕺菜条播，中耕不便，若有杂草，应及时用手拔除，地边、畦边杂草可及时铲除。应保持土壤湿润，干旱时可早、晚浇水。生长期中切忌施用氮肥过量，为提高人工栽培蕺菜的香味和产量，可追施人畜粪水 2 次，在植株封行前后的生长中后期，可在叶面喷施 0.2%~0.4% 磷酸二氢钾 1~2 次，但雨天不宜施用。现蕾时及时摘去花蕾，生长过旺株及时摘心，防止消耗养分。并注意防止牲畜践踏。

雨花菜引种栽培

4.1.6 采收

夏初可采摘嫩茎叶，正季栽培的秋冬至早春采挖地下根状茎，反季节栽培的 1—12 月可分期采挖地下根状茎，基本上可周年供应。不宜连作，需 1~2 年换茬轮作。

4.1.7 综合利用，提高效益

地上部可晒干供药用，根状茎可灭菌加工鲜品小包装，可精加工制成袋装、罐头、药酒、饮料、保健菜等供应餐馆和市场。

4.2 香椿栽培技术

香椿，别名春芽树、椿树、椿菜、椿芽。

目前已从露地的零星分散栽培，发展到集中成片栽培，从露地的普通栽培发展到矮化密植丰产栽培，再发展到保护地矮化密植丰产栽培，以及以种芽为产品的无土芽苗栽培，新鲜椿芽供应已从春季发展到周年供应，椿菜的栽培、保鲜、加工技术已进一步改进和提高。结合黄冈市实际，要进一步探索出符合黄冈市实际的，有特色的实用栽培和保鲜，加工技术，促进大别山区香椿生产的发展。

4.2.1 香椿的繁殖技术

4.2.1.1 无性繁殖

有根蘖苗分株、根扦插、枝条扦插等繁殖方法。因繁殖系数小，主要用于香椿的普通栽培。为加速优良品种的应用，也用组织培养繁殖。

4.2.1.2 种子繁殖

种子播种，繁殖系数大，育苗容易，收益快。主要用于露地及保护地矮化密植丰产栽培，也用于籽芽的培养。

4.2.2 露地普通栽培技术

4.2.2.1 分株繁殖

在香椿大树的树干基部有许多的不定芽，常萌发很多幼小的根蘖苗，当苗有 1m 左右高时，即可掘起苗另行定植。为了促进分蘖，春季发芽前，在成年母树的树冠外缘周围挖 50~60cm 深的沟，用快铲将一部分根切断，并施肥、浇水、盖土，根蘖苗长出后，第二年移栽。

4.2.2.2 根扦插

在秋季落叶后或春季萌发前，以健壮母株或 1~2 年生苗木周围挖掘侧根，经直径 0.5~1cm 者为好，将根剪成长 15~20cm 的小段，剪口上平下斜，小头在下，大头在上，按行距 60cm，株距 40cm 斜插入苗圃土中，并使大头略出于土面，幼苗出土后，苗高约 10cm 时，浇水、施清粪水，加强管理，并选择一个好芽做生长枝，其余芽抹去，到秋季长成大苗后即可定植。

4.2.2.3 枝条扦插

在秋季落叶后，春季萌发前，在母树上选 1~2 年生枝条，剪成长 15~20cm 的插条，按行距 60cm，株距 40cm，斜插入苗圃土中，插条入土 10cm，压实、浇水、盖草保湿保温，春季发芽后，选健壮芽培养成新株，秋季长成大苗后就可定植。

4.2.2.4 定植

秋季落叶后或春季萌芽前定植。定植前先挖母定植穴，穴深宽各 60cm，施入腐熟的农家肥，并施入适量的草木灰或油枯或磷肥，肥料与土壤拌合后，将苗栽于穴中央，盖土压实，浇透水，直至萌芽仍继续浇水。定植地如系小型香椿园，按行距 5~6m，株距 5~6m 定植，其他地段的零星栽培，根据土地情况确定行距。

4.2.2.5 管理

出芽后适当中耕除草，浇水，以后每年春季萌芽前，可在树根周围施入人粪尿或农家肥。移栽的 1~2 年生无性繁殖苗，要注意以后树形的构成，可在第一年采收时只采收主干的顶芽，以促进侧芽的生长。第二年可采收其侧枝的顶芽，促进第二次侧枝（二级侧枝）的萌发。第三年树干已经定型，所有顶芽都可采摘。

4.2.2.6 采收

定植的第二年以后可陆续采收，第一次采收在芽长 15cm 左右时进行，第二次在芽长 20cm 时进行，第三次生长快，在长 25cm 时采收。一般采收三次后就不再采收。每次采收时，在树干顶端各留 1~2 个顶芽不采摘，以保存树枝，促进年年丰收。香椿采摘的标准是：以芽色紫红，芽长 10~12cm 为优。为保证香椿的质量和产量，要掌握好采收的时间和方法。采收时间随各地气候条件而不同，通常以早采为好；采收方法主要是采摘整个顶芽，有的地方为了更经济地利用嫩叶，不采摘整个顶芽，而是连续不断将嫩叶一片一片地采收，先将外层略大的叶片采摘后，留下内层叶片，继续生长，达一定长度后再行采摘，可陆续供应，又可增加产量。

4.2.3 香椿露地矮化密植丰产栽培技术

矮化密植就是对香椿苗木进行矮化树体，调整株形，形成侧枝多，树冠枝条密集的矮化幼树，进行密植，通过加强肥水管理，分期分批采收，提高产量，延长供应期。矮化密植的需苗量大，主要采取种子繁殖，培育壮苗的措施。

4.2.3.1 采集种子

红椿是主栽类型，应选择红椿树作采种母树，采集种子。香椿林地的林木一般7~10年龄开花结果，孤立林木5~7年可开花，15~40年龄间为大量结种子期。菜用香椿因每年采摘椿芽，消耗养分多，不易开花结籽；香椿的花序顶生，计划安排采收种子的母株，当年不能采摘春芽。应选择以10~30年生的健壮树作母株，还应从树形低矮，分枝较多，枝条粗壮，枝条生长快母树上采集种子，一般每株树可收种子0.25~1kg。10月中旬—11月上旬，当果实由绿色变为黄褐色时，表明果实内种子已达成熟阶段，应及时剪下果实，放于通风处晾干，不能暴晒，待果皮干燥，果壳开裂时，抖动果柄，种子即可脱出，然后去杂质，装入麻袋中，挂于通风、干燥、冷凉处存放。采种子时，也可在果实由绿色变为黄褐色，再变为深褐色时朔果先端已纵向开裂后，表明种子已充分成熟。可用铁丝绕成一个圆圈，再在圆圈上缝一个布袋，再将布袋缚在一根竹竿的顶端上，采种时举起竹竿将布袋口套在果实串上，左右摇动，种子即可从开裂的果实中落入布袋内。种子平均千粒重约8g，每千克有种子10万~12万粒，平均发芽率为40%~60%，新种子的发芽率可达80%~90%，种子的贮藏寿命短，在半年的贮藏期内，发芽率的下降还较缓慢，半年以后，发芽率急剧下降到50%左右。贮藏一年后完全丧失发芽力，生产上应使用新种子播种，每亩用种量2~3kg。为使播后的种子出苗早、出苗快、出苗齐、播前最好进行种子发芽试验，根据测定的发芽率，再确定每亩的用种量，较为准确实用。

4.2.3.2 苗圃地准备

香椿对水分和土壤通气性要求严格。苗圃地宜选背风，向阳、肥沃疏松、能排能灌的地块，深耕施基肥平整后，作成宽 1.2m 平畦，畦间走道宽 30cm，待播种用。

4.2.3.3 播种期

3 月上旬—4 月上旬。

4.2.3.4 种子处理

种子粒小，种皮坚硬，外有蜡质，不易吸水，干籽播种发芽出苗慢。种子经浸种催芽可提早 5~10d 出苗，且出苗整齐。浸种前先搓去种子的腊质用 25~30℃ 的温水浸泡 24h，捞出用清水淘洗干净，放在 25℃ 温度条件下催芽，当种子有 1/3 露白时就可播种。

4.2.3.5 播种育苗

开沟条播，在畦上同畦长平行按行距 30cm，开深 4cm、宽 6~10cm 的播种沟，用小锄耙平沟底，浇水湿沟，水渗下后，将催芽后的种子均匀播入沟内，播后盖土 2~3cm 后盖地膜。

4.2.3.6 苗期管理

（1）揭膜浇水。播后 7~10d 出苗，1/3 苗露土时揭去地膜，用细眼喷壶洒水，1~2d 一次，苗高 5cm 时浇一次透水。

（2）间苗。苗高约 10cm 时，根茎木质化程度还不高，可进行间苗，原则是留强去弱，留粗去细，匀出之苗可另行移栽于苗圃其他处，以节约种子。每亩留苗 5 000~7 000 株。

（3）中耕除草。生长期间适当浅中耕，去除杂草。

（4）肥水管理。雨季期间应开好排水沟，预防水涝，天气干旱时，及时浇水。6 月上中旬是苗的速生期，需每亩施尿素 25kg，过磷酸钙 25kg；7 月下旬施尿素 10kg，硫酸钾 25kg，促顶芽分化，使顶芽充实饱满，枝干成熟，当苗高 50~60cm 时即起苗定植。

4.2.3.7 定植

即将苗圃培育的苗移栽到香椿园，生产椿芽供应市场。

（1）选地整地。选向阳背风的缓坡地或村寨附近的平地，要求土质疏松肥沃、能排灌的土地。每亩撒施腐熟农家肥 3 000kg，普通过磷酸钙 50kg，深耕平整后作成平畦待定植。

（2）定植期及密度。11—12 月或第二年 2 月，香椿处于休眠期，将培育好的椿苗带土掘起，准备定植。定植密度为行距 50cm，株距 20cm，每亩 6 000 株左右。

（3）定植。每行开宽 20cm、深 15cm 的定植沟，按株距 20cm 栽植一株椿苗，压实后浇一次透水，20~30d 再浇一次水。

4.2.3.8　矮化整形

要矮化株高，使主干增粗变矮，培养成多侧枝、多顶芽的矮化树形，才能提高产量，便于管理和采收，所以矮化是丰产的关键。做法是对定植后的一年生苗树干矮化整形，在树干高 40~50cm，采摘主干顶芽后，在 5 月下旬—6 月中旬，对主干短剪，打去顶梢，保持主干 30~40cm 的高度，促使下部萌发 3~4 个侧芽，秋季形成 10~15cm 长的短枝，这就是第二年能收产品的椿头芽。第二年春第一级侧枝顶芽采收后，待第一级侧枝长到 20~30cm 长时又短剪打去顶梢，保留枝干长 5~10cm，每枝干上留叶 2~3 片，促发二级侧枝，2 年后形成多头丛生树形，对以后发出的侧枝要适保留，作后备辅助枝条，不打顶，可作更新老枝用。

4.2.3.9　疏株整枝

3 年后矮化树枝条丛生，通风透光不良，嫩芽瘦弱，品质下降，要进行疏株，可根据实际情况、隔行、隔株疏去过密植株，保持合理的群体结构。冬季落叶后，剪除过密的细弱枝和生长部位不当的枝条，以利树冠通风，但不可一次疏得过多，以免降低产量。

4.2.3.10　老枝更新

3 年后的老枝大部分光裸无芽或抽枝力弱，产量下降。此时应及时更新，即将老枝主干从地面 20~30cm 处截断，促发新枝条。原保留的辅助枝也要短截，更新短截工作要长期进行，以免第二年长出过旺枝条。

4.2.3.11　田间管理

矮化密植采芽一般为 4~5 次，先采顶芽，后采侧芽。顶芽采后 25~30d 可采第二次，以后每隔 25d 左右采一次，可采至 9—10 月。每次采芽后施一次人畜尿（生产绿色食品不施用尿素），每亩用复合肥 60kg，施肥后浇一次透水。落叶后施一次农家肥，以促进来年萌发新枝芽。为了提早采收和上市，12 月至第二年 1 月可在香椿园搭塑料棚，以增加温度，促嫩芽早萌发。

5 加工方向

5.1 食用

近年来，随着野生蔬菜市场的扩大，其所产生的经济效益也被企业所注重，系列产品开发也已启动运行。目前，黄冈地区注册登记的野生蔬菜加工企业和专业合作社有 20 余家，以从事野生蔬菜加工和销售为主，其加工方式为腌制、干制和罐藏，主要产品分干制品（马齿苋、苦菜、雨花菜、金针菇等）、保鲜品（野竹笋、蕨菜、珍珠花、桔梗等）、保健营养品（葛根制品）3 类，15 个品种，年加工产量达 9 072t，工业增加值 1.36 亿元。

5.2 药用保健

另外，随着人们生活水平的提升，对自身的健康日益重视，山野菜的营养保健和治病防病功能越来越受到人们的青睐，所以除了要开发野生蔬菜的食用价值外，还要开发野生蔬菜的营养价值和医药价值，加深开发力度，充分实现野生蔬菜的综合价值。

6 投资规划

6.1 投资地点

海拔 500m 以上、喜阴喜湿、忌阳光直射且怕涝的山林地区最佳。人工栽培主要集中在高山、半高山地区和水网湖滨地区。

6.2 投资面积

投资面积 50 亩。

6.3 投资技术依托单位

黄冈市农业科学院。

6.4 栽培品种选择

人工栽培品种选择当地常见的野菜品种为主，适当引入其他特色品种，目前在黄冈市现代农业科技示范园内已成功驯化栽培的大别山山野菜品种有鱼腥草、香椿、雨花菜、洋荷等品种。

雨花菜遮阳设备栽培

香椿高效密植矮化栽培

洋荷遮阳设备驯化栽培

鱼腥草人工驯化栽培

6.5 投资成本预算（以 50 亩计算）

按 50 亩计算山野菜人工栽培成本初步预算如表 1 所示。

表 1 山野菜人工栽培成本初步预算

序号	内容事项	单价（元/亩）	合计（元）	备注
1	设施	18 000	900 000	遮阳、灌溉等设施
2	土地流转	300	15 000	每年，持续投入
3	种子种苗	1 500	75 000	一次性投入
4	农资	620	31 000	每年，持续投入
5	人工	1 500	75 000	每年，持续投入
6	其他		5 000	水电维护等
7	合计		1 101 000	

7 效益分析

山野菜人工栽培效益核算如表 2 所示。

表 2 山野菜人工栽培效益核算

序号	类别	内容事项	经费（元/年）	合计（元）	备注
1	投入	设施	90 000	185 500	以使用 10 年计算
		土地	15 000		每年
		种子种苗	7 500		以 10 年计算
		农资	31 000		每年
		人工	40 000		每年
		其他	2 000		每年
2	收入（元）		400 000		每亩以 2 000kg 计算，每千克 4 元批发价
3	效益		214 500		

通过表 2 分析，预计该项目 4~5 年可以进行资金回流。

8 品牌建设

农产品品牌化已成为农业现代化的核心标志，其品牌建设也已成为我国现代农业发展的重大战略，随着国家品牌日的设立，品牌化已上升为国家战略，各级政府高度重视农业品牌化工作。

因此，在以大别山山野菜为核心的农业品牌建设时，为了扩大农业发展市场，需要建立一个特色农产品品牌，并且制定特色农产品品牌发展战略，有目的地推进农产品行业发展，为此，建议如下。

8.1 特色大别山山野菜品牌战略基本原则

8.1.1 准确定位

要充分了解特色大别山山野菜发展现状，分析特色农产品发展环境，掌握特色农产品当前发展需要解决的问题，立足于发展优势，确定战略定位，在市场中扩大山野菜品牌的知名度。

8.1.2 发挥特色

所谓特色农产品，其重点在于"特"这个字，也就是充分发挥产地特色，将农产品特色和文化特色相融合，拟定对应的品牌战略。其中需要注意的是，要关注品牌之间的差异性，突出产品之间的个性，总结品牌的核心价值，以此创建品牌文化。

8.1.3 全面规划

制定农产品品牌战略，其实也是实现品牌发展方向、发展领域的科学规划发展的过程。在这期间，需要考虑诸多因素，遵循战略系统性的基本原则，实现规划权衡，组建品牌发展战略机制，全面扩大特色农产品品牌影响力。

8.1.4 积极调整

制定农产品品牌战略是一个长期的过程，需要按照农产品品牌实际情况，对其进行对应的调整。

（1）创建品牌以及实现品牌的发展体现了动态性的特点，农产品品牌发展各个时期需要使用合理的品牌战略。

（2）如果内外环境改变，特别是政府政策发生改变，品牌战略也要随之调整。

8.2 特色大别山山野菜品牌战略建设思路

8.2.1 创建品牌时期

为了最大限度地避免公共品牌造成的经济损失，可以通过注册子品牌的方式解决这一问题，将品牌中的核心价值加以提炼，设计品牌商标，并进行注册以及维护，从而实现从公共品牌到独立品牌转型。另外，要运用法律手段对品牌使用权进行维护，积极实现区位品牌和产品品牌之间的相互交流，大力推动特色农产品品牌推广。同时，农产品企业要和种植户达成战略合作，由种植户提供初级农产品，在农产品供销期间，树立品牌意识，创建特色农产品品牌。农产品企业和种植户之间的这种战略合作，需要长远的发展目光，积极树立示范户，加强种植户的品牌观念，为农产品质量、安全以及口感等提供保证，树立特色农产品品牌。

8.2.2　推广品牌时期

（1）每个地区都有特色农产品的小品牌，且市场中各个小品牌之间缺乏足够的竞争力。对于企业而言，可以并购一些弱势企业，通过小品牌整合的方式创建特色农产品品牌，从而全面提高品牌知名度，加快实现当地特色农产品产业化销售。

（2）积极拓展品牌宣传渠道。对于特色农产品品牌而言，对其进行积极的传播以及推广非常必要，这也需要建设合理的品牌营销渠道。企业可以利用信息、媒体等多种渠道宣传特色农产品品牌。例如，通过网络、电视以及报刊等进行广告宣传，在市场中进行营业推广，与其他企业建立与合作关系，全面提高特色农产品品牌的宣传力，树立良好的特色农产品品牌形象。在这之外，可以结合本地农产品特色，举办"节日"，例如，赣南脐橙节、新疆哈密瓜节等，组织特色农产品展销会，增加销售途径，从而创建品牌影响力。

8.2.3　拓展品牌时期

拓展品牌也就是将品牌在传统业务领域转移到全新的业务领域中，使更多的农产品都能够分享一个品牌。当前，特色农产品的销售几乎还是维持初级产品形态，在品牌扩展方面缺乏力度。关于这一点，企业可以加大农产品品牌运行力度，通过系列加工、精加工以及深加工的方式，延长农产品价值链，全面延伸农产品品牌，并且为品牌注入源源不断的活力。其中主要注意，品牌拓展需要遵循相关规律，了解不同农产品的关联性，保证扩展之后的农产品和原农产品价值的一致性，使扩展之后的农品牌形象始终维持原样。

8.2.4 维护品牌时期

农产品在产销过程中，最为重要的便是产品质量，所以在农产品种植阶段，要注意降低农药残留成分，在企业中树立"生产无公害、绿色有机食品"的理念，以此提升特色农产品质量，真正落实农产品产、管、销三个环节的规范化，维护特色农产品品牌。

8.3 特色大别山山野菜品牌战略建设启示

在建设特色农产品品牌期间，需要注意以下两点：①注意保证农产品质量，为市场以及广大人民群众提供健康食品；②创建特色农产品品牌需要立足长远发展目光，认识自身存在的不足，充分发挥优势，从而为今后我国农产品行业发展奠定基础。

总之，在创建特色大别山山野菜品牌时，需要保证产品质量、安全以及口感等，并且积极拓展宣传渠道，增加品牌影响力，提高市场竞争力，才能够创建一个高影响力的特色农产品品牌。

9 产业定位

随着改革开放和商品经济的发展，人民生活水平不断提高，生活习惯也由过去的温饱型向营养、保健型转变，饮食结构日趋多样化，野菜的综合价值也逐渐被人们所重视。作为 21 世纪很有发展前途的绿色食品，野菜以营养价值高，具有医疗保健作用，风味独特，越来越受到人们的青睐。食用野菜不仅已成为人们追求的时尚，也加快了我国野菜资源的开发与利用，特别是近年随着市场经济的发展和外贸出口的需要，我国的野菜开发利用得到较大发展。生产模式已由原来的农民自采自食转向人工栽培，加工利用，成批销售或出口，目前全国已建成多个野菜出口加工基地。预计未来10~20 年，我国山野菜市场仍旧难以饱和，并且随着人们对健康生活的日益重视，山野菜市场的缺口将越来越大。而针对黄冈市山野菜产业发展面临的困境（见《鄂东大别山黄冈地区山野菜资源开发利用现状及对策研究》——闫良、罗微、葛长军等著），可对黄冈市大别山产业发展做出一定的预判。

9.1　山野菜资源保护开发、计划利用

随着环境问题的日益突出与重视，为实现黄冈地区野菜资源的合理利用，变资源优势为经济优势，使其发挥最大效益，并且在开发利用的过程中克服盲目性，把生态治理、经济可行和社会接受有机地结合起来，预计未来，山野菜资源的开发与利用政策将逐渐由"松"至"紧"。从目前黄冈地区野菜资源的总体状况来看，山野菜开发利用的品种较少，加工规模较小，对资源的保护威胁小，但从长远来看，山野菜产业发展未来还会以合理利用和开发野生资源为辅，以集约栽培资源为主。这样既有利于保护野菜所具有的特色，也可促进森林资源的保护。

9.2　加强管理，确保产业健康发展

针对目前山野菜行业的"乱象"，预计未来山野菜产业会在以下四个方面进行规范：

第一，建立行业标准，规范产品名称。

第二，进行产品质量认证。

第三，加强产品质量监督。

第四，规范市场秩序，建立健全行业标准。

9.3　政府宣传，政策引导

通过优惠政策招商引资建设大中型野生蔬菜加工企业，或在现有常规蔬菜加工企业增加野生蔬菜生产线，扩大野生蔬菜加工产能，提高加工设备档次，改进工艺，扩大加工规模，做大野生蔬菜龙头企业，树立标杆。

9.4　精深深加工，产品多元化

山野菜的营养价值是多方面的，除了食用味道鲜美外，还具备营养保健功能和治病防病功能，因此在开发野生蔬菜的食用价值外，还需开发野生蔬菜的营养价值和医药价值，加深开发力度，充分实现野生蔬菜的综合价值。同时，在对野生蔬菜成分深入了解的基础上，还可利用高新技术提取出天然色素、香料、果胶、淀粉及其他有用化学成分，用以开发功能性营养保健食品和药品。如马齿苋含有去甲肾上腺素 250mg/kg 以及二羟基、香豆精、黄酮、强心

苷等药物成分。利用现代科技对野生蔬菜进行综合加工和深加工，充分发挥野生蔬菜多用性的优势，提高其利用率，将野生蔬菜加工成饮料、保健口服液或野生蔬菜复合产品，使产品系列化、多样化。

闫良（1984— ），男，硕士，农艺师，现任黄冈市农业科学院都市农业研究所副所长，主要从事蔬菜及豆类作物引种、栽培技术推广及品种资源创新等研究工作。

邮箱：chang100362@163.com

电话：13277133653

麻菌高效栽培项目
——以天麻-大球盖菇栽培为例

王明辉

　　天麻（*Gastrodia elata* Bl.）为兰科（Orehidaceae）、树兰亚科（Epidendroideae）、天麻亚族（Gastrodinae）、天麻属（*Gastrodia* R. Br.），多年生共生草本寄生植物，又名定风草、离合草、仙人脚、鬼督邮、赤箭、独摇芝等，整个植株无根，无绿色叶片，只有地上花茎和地下块茎，是主产于我国的一种名贵中药，以块茎入药，其药用历史迄今已有 2 000 多年，早在东汉时期的《神农本草经》一书就将其列为上品，明代李时珍所著《本草纲目》对天麻的种类、分布、药性、应用等也做了比较全面介绍。现代医学证明天麻可以治疗高血压、眩晕、头痛、惊厥、肢体麻木、瘫痪等症状。天麻虽然效益高，但必须注意天麻具有严重的连作障碍。

1　立项条件

　　湖北大别山地处湖北省东部，属亚热带季风气候与暖温带季风气候过渡地带，属亚热带季风性气候，气候温和、雨水充沛、光照充足、四季分明，年日照时数为 1 772～2 153h，年无霜期在227~270d，年降水量822~1 397mm，地势北高南低，海拔落差1 700多米，山峦起伏、沟壑纵横，为天麻生产提供了优越的自然条件。

湖北大别山天麻以乌麻和红麻杂交的品种为主，采用无硫加工烘干，主要种在水田，规范化种植技术已成形。罗田天麻、英山天麻，分别于2016年和2018年成为国家地理标志保护产品。近年来随着中药材的价格持续增长，天麻的价格一直是居高不下。湖北大别山天麻的天麻素含量高（0.5%~6.5%）著称，在全国天麻中占有重要比重。天麻已成为以罗田县、英山县为主的湖北大别山农民脱贫增收的重要项目之一。

天麻具有严重的连作障碍，为了提高经济效益和克服天麻的连作障碍，天麻可以与大球盖菇、羊肚菌、灵芝等食用菌轮作，简称麻菌高效栽培。

蜜环菌栽培

2 产业现状

鄂东大别山天麻面积超过 2 000hm^2，其中罗田县、英山县占绝大多数，年产量 2.5 万 t，年产值 5.0 亿元。罗田天麻于 2016 年成为地理标志保护产品，罗田天麻地理范围为湖北省罗田县所辖的九资河镇、白庙河镇、大河岸镇、凤山镇、胜利镇等 13 个镇（林场）108 个行政村，9 350 户。英山县天麻主要分布在温泉镇、红山镇、孔坊乡、金铺镇、石头咀镇、方咀乡、南河镇、杨柳镇、雷店镇、草盘镇、陶河乡、吴家山林场、桃花冲林场等 13 个镇（林场）313 个行政村。英山县也于 2018 年向相关部门提供了英山天麻申报地标材料。以罗田县、英山县为参考，天麻水分含量≤15%，浸出物≥15%，天麻素含量≥0.25%。

2017 年，英山县委、县政府将天麻种植作为农民脱贫致富的支柱产业来抓，大力发展天麻产业，出台了《关于进一步推进现代中药材产业发展的意见》，鼓励适宜种植区域内的农民大力发展天麻的产业。天麻是现代农业发展的重点，英山天麻作为全县主要扩大种植规模的道地药材首选品种。天麻在英山是精准扶贫的骨干项目。英山县委、县政府将英山天麻为主的中药材产业作为大别山区精准扶贫的骨干项目，引导农户大力发展天麻产业。天麻已经是英山的主要旅游特色产品之一。随着英山全域旅游+产业融合有力推进，中药材以英山天麻为主推品种，创建中药材健康旅游示范园区，实现旅游业与中药材产业的深度融合，实现旅游+全域共建、全域共融、全域共享。

现已栽培成规模的地点，主要有罗田县、英山县、麻城市。罗田县主要地点有九资河镇、白庙河镇、大河岸镇、凤山镇、胜利镇、匡河镇、河铺镇、平湖乡、白莲河乡、天堂寨林场、薄刀锋林场、青苔关林场、黄师寨林场等地。英山县所辖的温泉镇、红山镇、孔坊乡、金铺镇、石头咀镇、方咀乡、南河镇、杨柳镇、雷店镇、草盘镇、陶河乡、吴家山林场、桃花冲林场等。麻城市以龟山镇为主。

3 市场前景

3.1 天麻是一种很贵重的中药材

天麻还能降低血压，减慢心率，对心肌缺血有保护作用，是一种常用中药材，用量很大，而市场紧俏。

3.2 天麻是精准扶贫的骨干项目

天麻在罗田县、英山县是当地贫困户脱贫致富的重要项目。英山县委、县政府将英山天麻为主的中药材产业作为大别山区精准扶贫的骨干项目，引导农户大力发展天麻产业，计划用 3 年时间种植区域内的农民户平均种植天麻两万亩以上，种植总面积达到2 000hm² 以上，系列年产值达到 5 亿元，种植户平均收入 8 万元，实现区域内农民完成脱贫任务。

3.3 天麻是英山的主要旅游特色产品之一

随着英山全域旅游+产业融合有力推进，中药材以天麻为主推品种，创建中药材健康旅游示范园区，实现旅游业与中药材产业的深度融合，实现旅游+全域共建、全域共融、全域共享。

3.4 食用菌市场效益可观，在克服天麻连作障碍的同时能极大提高经济收益

以大球盖菇为例，作为国际菇类交易市场上的十大菇类之一的大球盖菇，是联合国粮农组织推荐栽培的优良食用菌之一，也是联合国粮农组织（FAO）向发展中国家推荐栽培的蕈菌之一，嫩滑爽脆、营养丰富，菇粗蛋白含量达 29.1%，并含有 17 种氨基酸，富含相当高的蛋白质、维生素、矿物质和多糖等营养成分，是"素中之荤"的营养保健品；大球盖菇干品中磷的含量比较高，磷存在于人体所有的细胞当中，是维持骨骼和牙齿健康的必要物质。大球盖菇具有非常广阔的发展前景。大球盖菇栽培技术简便粗放，可直接采用生料栽培，具有很强的抗杂能力，容易获得成功。栽培原料来源丰富，它可生长在各种秸秆培养料上（如稻草、麦秸、亚麻秆等）。在中国广大农村，可以当作处理秸秆的一种主要措施。栽培后的废料可直接还田，改良土壤，增加肥力。大球盖菇抗逆性强，

适应温度范围广，可在 4~30℃ 范围出菇，由于适种季节长，有利于调整在其他蕈菌或蔬菜淡季时上市。大球盖菇由于产量高，生产成本低，营养又丰富，作为新产品一投放市场，容易被广大消费者接受。

4 关键技术

4.1 天麻繁殖

天麻有无性繁殖和有性繁殖两种方式，但两种繁殖方式的留种技术不同。天麻的栽培是一个周而复始的过程，当收获商品麻的同时，也就获得了大量的白麻、米麻，这些白麻、米麻也就成为播种期的种麻。这就是天麻的无性繁殖。无性繁殖的种麻应选用有性繁殖的种麻以及栽后 1~3 代的种麻，超过第 4 代，平均退化率达到17%，严重影响天麻的产量和质量。因此最好每年繁殖有性种麻，保证优良品种。

天麻有性繁殖的第一步是留种选种。在新鲜采挖的麻种中选出体型健壮，顶芽粗壮饱满，没有损伤的箭麻，箭麻是由白麻分化出的营养繁殖茎，在其顶端的顶芽粗大，先端尖锐，芽内有穗原始体，可抽薹开花，形成种子。箭麻经冬眠处理后，于春季3月栽入准备好的培育区。一般底土用沙壤土10cm，保持土壤湿润，按株行距10cm×15cm摆放箭麻，顶芽向上，栽完后盖土8～10cm。出苗后要搭遮阳棚，或用树木等遮阴，棚高1.7m左右。箭麻抽薹时，绑架固定，防止倒伏。栽培土要注意浇水保持土壤的湿度。当环境温度湿度适宜时，箭麻顶芽萌动抽薹开花，这时应及时人工授粉，授粉应在花开后1～3d内进行，这样的授粉率和坐果率都比较高，选择上午9—12时和下午16—18时授粉，应避免中午高温时授粉。一般授粉后18～20d果实便有硬变软，颜色由深红变为浅红，果缝变白，在果子裂口前1～2d采摘，最好随栽随播种，最多将果子于阴凉、干燥、通风处暂存1～2d，采收后的果子即可播种。播种时天麻种子需与萌发菌结合，才能使促使其发芽。萌发菌用手撕成单片菌叶，并充分与天麻种子拌匀，使每片菌叶上都均匀地粘上天麻种子。将拌好天麻种子的萌发菌与处理好的菌棒相间分层栽培到栽培坑内，加栽培料，覆上湿树叶，最后盖上沙土压实即可。一般种子繁殖从6月至第二年11月收获，形成白麻，需一年半的时间。天麻有性繁殖出来的米麻，个体较小，只有1～2cm，米麻经生长后形成白麻，白麻、米麻经越冬后第二年可生长形成箭麻即商品麻，这样经有性繁殖生产出来的种麻，其抗病虫害抗性较好，且无种质退化问题。生产出来的商品麻质量好，产量高，可大大地提高农户的经济效益。

目前，湖北大别山天麻生产上主要以有性繁殖为主。

4.2 原料及产品要求

4.2.1 备料

多种阔叶树（栗树，栎树，枫树等杂木）均可用作培养蜜环菌的木材，常用的有青杠、板栗、榆树、刺槐、杨柳、桦树等。选择

蜜环菌栽培种

天麻栽培搭遮阴棚
覆盖地膜和稻草

直径 5~8cm 的树木枝干，锯成 70cm 长的木段，晾晒 5~15d，待水分散失 20% 后，每隔 4cm 用刀砍一鱼鳞口，粗段木砍 4 排，细椴木砍 2~3 排，深达木质部即可。然后用螺丝刀撬开鱼鳞口，把白色的蜜环菌种塞入里边，备用。

4.2.2 场地选择

栽培天麻，主要解决夏季高温影响天麻生长的问题。在场地选择上，要选择湿润透气和渗水性良好、疏松腐殖质含量丰富的壤土或沙壤土。尽量选择海拔300m以上，可在木本药材地套种天麻，有条件的可直接在5年树龄的木本药材地种天麻。

4.2.3 品种选择

种麻质量的好坏，直接关系到天麻的成活率和质量，要选用个体发育完整，无损伤、无病虫害的白麻，米麻作为种麻备用。

4.2.4 栽培时间

在天麻休眠期栽培可获得高产。在冬季10—11月收获天麻时边收边种，称为冬栽，可省时省工。但要注意防冻，可采取覆盖的方式解决。在第二年3月下旬解冻后栽培，称为春栽。栽后天麻虽不萌动，但蜜环菌都能生长。只有在天麻萌动前和蜜环菌建立关系，才能得到充足的营养。

4.2.5 栽培要求和用种量的界定

在室内或有树木遮阴，土壤湿润的地方，天麻栽后覆土不超过10cm，在温度较高，雨水偏少的地方，栽后覆土可适当增加，但一般不超过15cm。每平方米的用种量控制在500g左右。

4.2.6 栽培方法

4.2.6.1 窖栽

一般窖长1.2m、宽0.6m、深0.35m，在窖底先铺一层5cm厚的沙土，然后铺上一层树叶，再把椴木和菌材间隔3~5cm放在树叶上，然后靠近菌材栽上种麻，间距10~15cm，注意头尾相接，小米麻撒于菌材周围即可。栽后覆一层沙土盖住椴木，再按上述方法栽第二层，最后覆沙土10~15cm，略高出地面，并加盖一层树叶等物保温、保湿。

4.2.6.2 畦（垄）栽

一般畦宽0.6m、深0.35m，长度不限，依地形使用，栽法同窖栽。

4.2.6.3 菌麻栽培

如果是一层菌材，可将覆土掖走，不移动菌材，在靠菌材处挖

大球盖菇现场实物图

窝按上述方法栽下种麻，若是两层，应掀去上层菌材，在下层栽下种麻，把上层菌材放回，再栽下种麻。

4.2.6.4 室内栽培

可堆沙栽培（用砖垒成 70cm×120cm 的框），也可用竹筐、木箱栽培，方法同上。只要能控制好温度、湿度、通气和光照，同样可获得高产。

4.2.7 田间管理

4.2.7.1 防寒

冬栽天麻在田间越冬，为防止冻害，必须在 10 月覆盖沙土或树叶 30cm 以上，第二年立春后再掀去覆盖。

4.2.7.2 调节湿度

立春后为加快天麻生长，应及时覆盖地膜增温，5 月中旬气温升高后又必须掀去地膜待 9 月下旬再盖上地膜，以延长天麻生长期。夏季高温时，要覆草或搭棚遮阴，把地温控制在 28℃ 以下，天麻生长期不必追肥，拔草。

4.2.7.3 防旱排涝

春季干旱时要及时浇水，使沙土的含水量在40%左右，夏季6—8月，天麻生长旺盛，需水量增大，可使沙土含水量达到50%~60%，在天麻膨大高峰期可用洋芋水（洋芋捣烂用水过滤），每隔5d喷一次。雨季注意排水，防止积水造成天麻腐烂。9月下旬后，气温逐渐降低，天麻生长缓慢。但是蜜环菌在6℃时仍可生长，这时水分大，蜜环菌生长旺盛，可侵染新生麻，这种环境条件下不利于天麻生长，而只有利于蜜环菌生长，从而使蜜环菌进一步深入天麻内层，引起麻体腐烂。因此，9月下旬要特别注意防涝。

4.2.7.4 病虫害防治

（1）病害防治。主要是杂菌感染的危害，严重时会使英山天麻块茎腐烂，杂菌呈绿、黄、白等颜色。但一般不能生成根状菌索，很容易识别，发现杂菌必须清除。防治方法：选用蜜环菌菌索旺盛而无杂菌的菌材；培养菌材时加大用种量，造成蜜环菌生长优势，以控制杂菌生长；栽培天麻的沙土要干净，并在收获翻栽时更换一次；菌材使用2~3年后全部更换；浇水要均匀，注意调节温度、湿度，栽种可用石灰对栽培场地进行消毒处理。

（2）虫害防治。蝼蛄，利用黑光灯诱杀成虫，以减少田间虫密度；人工诱杀；结合田间操作，对新拱起的蝼蛄隧道，采用人工捕杀虫卵。蛴螬设置黑光灯诱杀成虫（金龟子）。

4.3 天麻的采收

天麻在休眠期收获较高。有性繁殖的在第二年秋季收获，如冬季防寒条件好，亦可选择在春季收获。收获时要轻拿轻放。收货后的箭麻入药。白麻、米麻做种子留存。无性繁殖一般每平方米产生鲜麻7.5~12.5kg，箭麻占70%，白麻、米麻占30%。有性繁殖一般在每平方米产生鲜麻10kg，箭麻占30%，白麻、米麻占70%。

4.4 食用菌轮作栽培（以大球盖菇为例）

4.4.1 种植时间

秋季收获天麻后即可种植大球盖菇。为了便于大球盖菇赶上春节上市，天麻在11月收获为宜。

4.4.2 环境要求

大球盖菇生长对环境条件的要求：菌丝生长温度范围为 $5 \sim 36℃$，最适温度为 $24 \sim 28℃$，子实体形成所需温度为 $4 \sim 30℃$，最适温度为 $12 \sim 25℃$。在适温范围内，温度低，菇体生长慢，朵形较大，柄粗肥厚，菇质优，不易开伞；温度偏高，菇体生长快，朵形小，易开伞。菌丝在基质含水量为 $65\% \sim 75\%$ 的条件下能正常生长，出菇期培养基含水量要达到 $75\% \sim 80\%$，空气相对湿度为 $85\% \sim 95\%$。大球盖菇是好气性菌类，新鲜的空气可以促进发菌和子实体生长，出菇期间通气不良，菇柄伸长，菇质下降。菌丝生长期间不需要光照，子实体生长时供给 $100 \sim 150$lx 散射光，可促进子实体健壮，提高质量。在实际栽培中，菇场以三分阳七分阴为宜。大球盖菇适应微酸性环境，pH 值 $5 \sim 7$ 为宜。大球盖菇菌丝发满后需要覆土，不覆土则少出菇甚至不出菇。覆土以沙土为宜，土壤适宜的 pH 值为 $5.5 \sim 6.5$。

4.4.3 栽培原料的配比和处理方法

①稻壳 100%；②稻草 100%；③麦秸 100%；④麦秸 70%、稻壳 30%；⑤稻草 50%、稻壳 50%；⑥玉米秸（晒干、压扁）50%、稻壳 50%；⑦玉米秸（晒干、打碎）70%、稻壳 30%；⑧干玉米秸或野草粉碎成 4cm 左右 40%、废菌渣 40%、稻壳 20%；⑨杂木屑 50%、秸秆类 20%、稻壳 30%；⑩各种干枝条切断 50%、秸秆类 20%、稻壳 30%。

以上 10 种选择 1 种即可。

4.4.4 关键技术

4.4.4.1 场地要求

选择近水源、排水方便、交通便利和地方。在栽培场地四周挖好排水沟，畦宽 60~80cm，畦床见留 40cm 的走道，做好畦床。

4.4.4.2 铺料播种

将经过预处理后培养料，按每平方米 10kg 的用料量，分两层放置畦床上，下层厚约 10cm，上层厚约 7cm，在两层的中间及周边点播菌种约占总用菌量的 2/5，余下的菌种点播在料面表层，用种量是每平方米 500~600g，将菌种掰开成核桃大小，用梅花行点播法播在两层原料的中间及表面，穴距 10cm 表层插好后覆盖一层预湿好的稻壳（注意这个环节很关键），菌种上的稻壳厚 3~5cm，走道内下挖取土在菌床表面均匀的覆盖一层土壤厚约 3cm，播完后加盖秸秆保温保湿。在大棚和室内栽培的操作方法和露天栽培一样，不同的是可以暂时不用覆土，等菌丝块与块之间连接时再覆土，这样菌丝发育快，能比直接覆土的提前 10d 出菇，大田露天栽培的不应采取这样的方法，原因是不覆土原料的水分不好保持，如天气许可或者有办法采取保护措施也可以采取此法。

4.4.4.3 发菌管理

（1）调节水分。接种后 3~7d 掀开覆盖菌床上的草被，观察培养料与覆土的含水量，要求原料的含水量达到 60%~65%，覆土要达到手指捏得扁，可用水幕带或喷雾器喷水，要做到少量多次喷洒，既要达到要求的含水量又不能让底部的原料渗入太多的水，如果发现有病虫害可以结合喷水加入一定量的药品防治。如果发现原料含水量偏高，在中下部有发酸发臭、变黑的现象，应停止喷水，松动上面覆盖的草被并在菌床的两侧用铁叉或棍棒顺着地面往里面插入 60cm 左右，上下抖动，最好是两人一组同时进行，目的是让下层的原料接触新鲜的空气，散发一部分水分，排出有害气体，一般采取措施后，都能看到理想的效果。

（2）发菌期间对温度的要求。温度是控制菌丝生长和形成子实体的一个重要因素，行业内有句谚语："成不成功在温度"。无论是发菌或出菇阶段，温度都决定着成败，发菌时主要看料温，料温高了容易造成烧菌，低一些安全但也不能过低，太低菌丝不萌发，即使萌发也要推迟出菇时间，菌丝生长的温度范围在 13~33℃，最适温度 21~26℃，在此范围内，一般从开始播种到出菇约需 50d。

大球盖菇采收

4.4.4.4 采收

大球盖菇以菌膜尚未破裂，菌盖呈钟形时为采收的最佳时期，最迟应在菌盖内卷，菌褶呈灰白色时采收，以没有开伞的子实体为最佳。大球盖菇采收的适期为菇盖外一层菌膜刚破裂、盖内卷不开伞。采菇时，将稻草轻轻地掀开，用手指捏住菇脚轻轻转几下，轻轻扭转一下，使其松动后再向上拔起，这样，可以保证菇体被完整地采下，其外观也不会受到影响，还能避免对周围小菇蕾的松动，采下的菇要放入竹篮中。通常，每亩每潮可以采收鲜菇 1 000kg。采收完成后，要做好去除菇脚的工作，即将菇柄底部的泥土去掉。

4.4.4.5 采收后的管理

大球盖菇整个生长期可以采收四潮菇，一般第二潮的产量最高。每潮菇的相隔时间大约为25d。每采完一潮后，要加盖一层稻草，同时，要调整水位，将其保持在18cm左右，进行养菌，经过25d以后，就开始出第二潮菇。其他的管理方法与出第一潮菇时一样。

5 贮藏与加工

5.1 天麻

5.1.1 贮藏

选优质种麻晾 1~2d 后放入木箱或窖内，一层层摆放，不能靠紧，稍有距离，每层之间用沙土隔开，摆 4~5 层，温度控制在 1~5℃，不能使温度变化过大，湿度控制在 25%~30%，贮藏期间经常，观察温度变化，注意及时调节温度。

5.1.2 加工

先根据重量分级，常分为五个等级，特级>250g/个、一级>200~250g/个、二级>150~200g/个、三级>100~150g/个、四级<100g/个。

5.1.2.1 水煮法

将要干的天麻用清水洗净，按级别将天麻放入烧开水的锅内，用大火煮至无白心时取出，用竹刀剐去粗皮，沥干，烘晒。一级麻煮15min，二级麻煮 10min，三级麻煮 5min。

5.1.2.2 水蒸法

将蒸笼置于锅台上，水烧开上大气后将天麻放入蒸笼内，蒸至无白心时取出，放入清水冲洗冷却，即时用竹刀剐去粗皮，沥干，烘晒。

5.1.2.3　烘烤温度

遇气候变化，需用烤房烘烤。先将烤房温度升至 40~50℃，将天麻平摆在烘筛中，打开排风扇，在 40~50℃ 的温度下，烘烤 4h，然后每小时升温 2~3℃ 到 70℃ 烘至 7 成干，取出整形，压扁，再进烘房以 50~60℃ 的温度烘至全干。一般 5kg 鲜天麻可制成 1kg 干天麻。

5.1.3　大球盖菇

5.1.3.1　采收加工

大球盖菇可冷冻保鲜出口，也可加工成干菇。若加工干菇，要按客户要求的规格质量脱水烘干。第一潮菇收完后，应补足料内含水量养菌，经 10~12d 又可出第二潮菇。管理方法同第一潮菇，可采收 2~4 潮菇。

5.1.3.2　鲜售及初加工

处理好的鲜菇要放在通风阴凉处，避免菌盖表面长出绒毛状气生菌丝而影响商品美观度。鲜菇在 2~5℃ 温度下可保鲜 2~3d，时间长了，品质将会下降。鉴于此，在实际生产中，经常要对其进行初步的加工，以增加保鲜期，具体的操作方法如下。

将处理好的大球盖菇倒入锅内，再向锅内加入清水，由于大球盖菇在煮的过程中会从菇体内散发出大量的水分，所以，倒入的水量不宜太多，使水位跟锅沿保持一定的距离，以免水溢到锅外；接着，要覆盖一层薄膜，并点火煮菇，大约 20min 后，待锅内水温达到 100℃ 时即可停止加热，再过 10min，就要揭掉薄膜，将菇捞出；然后，用清水进行冲洗并浸泡 10min；最后，将菇捞出并装入桶内，再加入食盐，食盐和菇的比例为 1∶10，这样，就可以增加大球盖菇的存储期了。

6　投资规划

6.1　成本

天麻种苗：3 000~5 000 元/亩，备料：4 000~5 000 元/亩，劳力：3 万元/亩，共计约 4 万元/亩。

大球盖菇：约 5 000 元/亩。

6.2 加工场房投资

20 万元左右。

7 效益核算

天麻：投资成本约 4 万元/亩，收益 6 万元/亩，每亩纯利润收益 2 万元，每亩平均每年纯利润收益 1 万元。

大球盖菇：投资总成本约 5 000 元/亩，收益超过 1.5 万元/亩，每亩纯利润年收益 1 万元。

综合以上，麻菌轮作栽培模式（以大球盖菇为例），每亩纯利润年收益 1 万元以上。

8 风险

8.1 自然风险

大别山区干湿季节性较强，夏季温度较高，长期干旱或频繁降雨，以及夏季高温天气，都会对天麻生长造成较大影响。可以通过搭遮阳棚保湿、降温，保证天麻和食用菌的正常生长。

8.2 技术风险

天麻：①留种选种时要在 3 月左右新鲜采挖的麻种中选出体型健壮、顶芽粗壮饱满、没有损伤的箭麻；②菌棒消毒工作一定要做好；③搭遮阳棚，土层覆盖地膜和稻草或茅草；④海拔不能低于300m；⑤注意开沟排水，防止水浸病。

大球盖菇：①栽培时原料的含水量达到 65% 左右，一定要控制好含水量，不能太干或太湿；②种植前原料还要均匀地喷入杀虫剂。

8.3 市场分险

成本高，要充分做好市场调研，核算成本和收益。

9 品牌建设

天麻素含量高、品质好是大别山天麻的重要优势。围绕罗田天麻、英山天麻等地标产品，打造大别山天麻特色品牌；在保证大别山天麻产品质量的基础上，以产品质量推动品牌建设。并借助各种机会举办发布会、展会、峰会、论坛、公关活动、媒体宣传等开展大别山天麻推广。

10 产业定位

10.1 打造大别山天麻品牌

围绕罗田天麻、英山天麻等天麻素含量高、品质好等优势打造大别山天麻优势品牌。

10.2 打造大别山天麻产业链

围绕罗田天麻、英山天麻等打造集种植、加工、销售于一体的大别山天麻产业链。

10.3 打造全国天麻重要基地

以大别山天麻和天麻产业链为基础，把湖北大别山建设成为全国天麻产业链重点基地。

11 小结

天麻为兰科多年生共生草本寄生植物，整个植株无根，无绿色叶片，只有地上花茎和地下块茎，是主产于我国的一种名贵中药，以块茎入药，治疗高血压、眩晕、头痛、惊厥、肢体麻木、瘫痪等症状。湖北大别山天麻规范化种植技术早已成形，罗田天麻、英山天麻，分别于 2016 年和 2018 年成为国家地理标志保护产品。近年来，随着市场需求天麻价格一直居高不下。湖北大别山天麻的天麻素含量高，在全国天麻中占有重要比重。天麻已成为以罗田县、英山县为主的湖北大别山农民脱贫增收的重要项目之一。天麻以有性繁殖为主，栽培技术要求较高。投资成本较高，投入约 4 万元/亩，如果还要建设加工场房，需要 20 万元左右，两年后收益，年纯利润可观，但自然风险、技术风险和市场风险均较高。建议投资者围绕罗田天麻、英山天麻等地标产品，打造大别山天麻特色品牌，以天麻产品质量推动品牌建设，打造大别山天麻品牌、大别山天麻产业链和全国天麻重要基地，把湖北大别山建设成为全国天麻种植、加工和销售集一体化的天麻产业链重点基地。天麻和食用菌的经济效益都非常可观，麻菌轮作是一种经济效益高的推荐模式。生产上推广一定要掌握好技术，只有过硬的栽培技术才产生可观的经济效益。

12　天麻指导专家

全国天麻指导专家、国家中药材产业技术体系黄冈综合试验站站长、湖北省中药材科技创新首席专家、湖北中医药大学博导刘大会研究员。

湖北省中药材科技创新鄂东大别山试验站站长、黄冈市农业科学院中药材所专家王明辉高级农艺师。

除了天麻，在大别山还可以考虑作为能人回乡项目发展的中药材有茯苓、苍术等。当然，中药材行情变化大，现在适宜发展的，过几年不一定适宜，要综合考虑各方面的因素。

投资需慎重，调研要先行，领头带贫户，赚钱不忘根，回乡方致富。

王明辉（1980—　　），男，中共党员，硕士研究生，高级农艺师。2009年7月毕业于扬州大学，毕业后至今在黄冈市农业科学院工作，担任作物栽培所副所长，是中药材团队负责人，6次获得先

进个人，发表学术论文 15 篇，申报专利 5 项（第一完成人 3 项），授权 1 项。现担任湖北省中药材科技创新鄂东综合试验站站长一职。黄冈市现代农业科技示范园中药材科研基地是国家中药材产业技术体系黄冈综合试验站示范基地、湖北省中药材科技创新鄂东综合试验站示范基地、湖北省道地药材绿色高质高效生产集成技术示范基地。

邮箱：58632177@ qq. com

电话：13872038921

高档优质稻产业化开发项目

涂军明

1 产业发展现状

水稻是湖北省主要的粮食作物，常年播种面积约 3 000 万亩，占粮食总播种面积的 50%，产量占粮食总产的 70%，商品率达 80%。在湖北省农业生产、农民增收和农村经济发展中起着极其重要的作用，也是实现粮食安全保障、社会稳定和国民经济发展的基础。

湖北省水稻总产量（约 1 500 万 t）居全国前列，仅次于湖南、江苏和江西，居全国第 4 位，常年自给有余，每年有数百万吨稻谷外销。20 世纪 90 年代中后期湖北省稻米品质欠优，高档优质稻米以进口的泰国香米为主，对湖北省水稻生产形成很大的压力。因此，湖北省委、省政府提出优质稻发展工程，《湖北省水稻产业提升计划（2016—2020 年）》将重点建设江汉平原单双季优质稻优势产业板块，鄂中丘陵与鄂北岗地优质中稻优势产业板块，鄂东、鄂东南双季优质稻优势产业板块。计划到 2020 年，湖北省优质品种应用率保持在较高水平；培育 5 个全国知名品牌和 5 个湖北优势特色稻米品牌，水稻产业的经济、社会和生态效益全面提升，促进粮食产业的转型升级。

根据《湖北省优质稻产业发展规划》，高档优质稻在湖北省有 500 万~600 万亩的发展空间。而湖北省高档优质稻种植面积一直徘徊在 100 万亩左右，仅占水稻种植面积的 3%，高档优质稻产业化开发明显滞后，与市场需求不相适应。当前，湖北省发展高档优质稻发展面临的主要问题有以下五个方面。

黄科香水稻生产基地（1）

1.1　品种单一，种植规模小

自"十一五"以来，湖北省高档优质稻主要以鉴真2号、鄂香1号、鄂中5号、玉针香等几个品种为主，合计年种植不到100万亩，由于品种种性退化、抗性较差等问题，品种米质渐渐退化，产量和效益较低，种植面积日益萎缩。随着国民经济的增长，人民生活水平的提高，人们对高档优质米的需求越来越大。根据我国大米市场供需调查，高档食用稻米占市场份额在15%以上，高档优质稻在湖北省的种植面积与市场需求之间的缺口还很大。

1.2　分散种植，品质难以保证

为了保证高档优质稻外观商品品质优异，要求连片种植，统一管理，严防异品种混杂。而湖北省的46个水稻主产县分布着近300个品种，多品种混种、混收、混储、混销，致使高档优质稻品种难以保持其优异的商品品质和食味品质。

1.3　机械化水平低，生产效率和效益不高

一是高档优质稻品种普遍表现株高偏高、抗倒性一般，不适合

黄科香水稻生产基地（2）——全程无公害生产

轻简化直播生产；二是生产技术条件和耕地质量的限制，目前全省水稻生产耕种收综合机械化水平约为60%，种植高档优质稻的区域绝大部分仍然采用传统生产方式，劳动强度大、生产效率低；三是高档优质稻品种在丰产性、抗逆性、抗病性上普遍存在不足，单产低于一般杂交稻品种20%左右，造成农民种植高档优质稻效益普遍偏低。

1.4 龙头企业带动能力不强

湖北省从事高档优质稻生产的经营主体和企业，生产经营分散，企业加工规模小，产业组织化程度低，普遍存在实力不够强、带动能力弱的问题。长期以来，湖北省稻米高档消费市场被泰国香米占领，中高档消费市场被东北米、湖南米占据，湖北省内市场对优质稻生产的拉力不大。外部市场开发力度不够，产品销量有限。

1.5 品牌建设滞后，影响力不大

虽然近年来湖北省高档优质稻产业具备了一定的发展基础，经营主体不断发展，经营规模不断壮大，产业链条趋于完善。但是，由于品牌建设相对滞后，知名度小，缺乏真正的优势品牌。同时，由于没有安排专门的宣传经费，品牌宣传工作力度不够，导致品牌影响力不大，很大程度上制约了高档优质稻产业的发展壮大。

2 立项条件

2.1 生态环境优越

湖北省属亚热带季风湿润气候，温光资源极其丰富，无霜期长，雨量充沛，年平均气温 15～18℃，年平均降水量 1 201mm，远高于全国平均降水量（632mm）。空气质量优，地层发育齐全，土层深厚，土壤肥沃，富含锌、硒；水资源条件优越，地处长江中游，生态良好，确保了水源的优质，有生产高档优质稻的天然优势。

2.2 发展基础良好

湖北省粮食资源丰富，长江周边、汉江流域被列为全国优质稻谷产业带，有 46 个县（市）被列为全国粮食主产县（市）。目前，湖北省稻谷产量居全国第 4 位。丰富的粮油资源为湖北省发展粮油加工业提供了充裕的物质基础。品牌建设日趋完善，通过连续举办粮油精品展交会和品牌创建活动，提升了企业产品质量管理水平。近年来，全省粮油品牌产品的市场占有率和知名度不断提高。

2.3 科技支撑的智力优势

湖北是大专院校和科研院所密集的省份，其综合实力居全国第三位。有一大批著名、资深、优秀的教授、专家，在水稻育种、生物工程、稻米加工、粮食机械制造、粮食质量检测、企业管理等方面拥有雄厚的科研实力，并取得一大批国家、省部级奖励的科研成果。黄冈市农业科学院联合湖北省农业科学院建立了国家级和省级工程技术中心、研发中心，参与了有关行业标准制定，选育了优质水稻新品种 20 个和"黄科香"系列高档优质稻新品种。这些都是湖北省发展粮油加工业强有力的智力支撑。

2.4 政策优势明显

近年来，国家和地方先后出台了一系列政策措施，旨在大力发

黄科香水稻生产基地 (3)

展农业产业化经营，促进农产品加工业提档升级。湖北省 2016 年提出了《湖北省水稻产业提升计划（2016—2020 年）》的指导意见，鼓励各地大力发展高档优质稻生产。黄冈市是国家扶贫开发工作重点联系地，是湖北省脱贫攻坚的主战场。近几年市委市政府已明确提出将优质稻作为优势特色产业发展，优质稻产业将迎来良好发展机遇。

3 品种选择

高档优质稻品种匮乏是制约湖北省高档优质稻产业化规模的瓶颈问题。自 2004 年以来，湖北省审定的拥有完全自主知识产权且有一定应用面积的高档优质稻新品种，只有鄂中 5 号、鄂香 2 号等几个品种。黄冈市农业科学院十分重视高档优质稻品种选育工作。

近几年，在改良鄂中 5 号和玉针香等高档优质稻新品种方面取得

黄科香水稻生产基地（4）

重要进展，选育出黄科香1号、黄科香5号、黄科香6号等系列高档优质稻新品种，先后在湖北省和黄冈市优质稻米品鉴会上获得金奖，可以很好地为湖北省高档优质稻产业化发展提供优质良种支撑。

4 关键技术

4.1 高档优质稻良种选育

目前，官方和市场认可的高档优质稻一般为常规水稻品种，如鄂中5号、玉针香、黄科香5号等。优质与高产往往是一对矛盾，湖北省广大科研单位，要积极创新，拓宽研究领域，结合现代分子育种手段，改良现有的水稻种质资源，加强两系、三系不育系和其恢复系的品质改良力度，实现高档优质稻在产量上的突破，选育出高产、优质、多抗的高档优质稻新品种，从而推动湖北省高档优质稻向前发展。

黄科香 5 号：改良湖南的高档优质稻玉针香

4.2 绿色高效配套生产技术集成研究

4.2.1 坚持标准化生产

积极发展高档优质稻生产，坚持做到"五统一"，即统一品种、统一宽窄行与密度、统一投入品的使用、统一绿色综合防控、统一指导服务。按基地布局做好品种规划，1~2 年轮换一批，选用高产、优质、生育期适中的优良品种。

4.2.2 坚持合理轮作

根据当地种植制度及习惯，积极推广适合的种植模式，突出当地优质稻米特色。坚持合理轮作，推广水稻-油菜、水稻-绿肥的轮

稻米品鉴会评审现场

作方式，不断增加农田有机质，提高耕地地力，提升稻米品质。

4.2.3　坚持生态种养

推广"稻+蛙（鳖、鸭、虾）"生态种养模式，稻田为青蛙提供了丰富的动植物饲料和遮阴、隐蔽场所，青蛙为水稻中耕除草、捕食害虫、增施有机肥。同时，稻蛙共作可以减少农药污染，保护生态环境和生物的多样性，达到省工和节约成本的效果，具有较好的经济效益、社会效益和生态效益。

4.2.4　坚持绿色防控

充分利用好稻田养蛙等生态种养模式，发挥其生物防治病虫草害的作用；积极推广频振式杀虫灯、粘虫黄板、性诱剂等物理防治方法；推广使用高效低毒低残留绿色农药，杜绝高毒高残留农药下田，通过多种措施，解决优质稻生产过程中病虫草害控制难点，实现优质稻全程绿色生产。

4.3　优质稻收储和加工技术

稻谷收获后，为保持优质稻品质尽量采用烘干设备烘干脱水。

黄科香5号、黄科香6号在黄冈市优质稻米品鉴会上获得金奖

如遇天气不好或自然灾害等原因，应加紧联系烘干设备和仓库，尽量减少稻谷损失。选择上不漏、下不潮，能通风、降湿、降温，保温性能好的仓库储存优质稻，并在入库前安排专人检修仓库设施，同时彻底打扫仓内外卫生并进行消毒处理，防止虫害。入库前严把杂质清整关，适时控温，定期杀虫，确保储存品质。高档优质稻大都米粒细长，整精米率偏低，需要使用配套的专用加工设备，以提高商品率。

5 加工方向

5.1 稻米加工向深度加工和综合开发方向发展

稻米加工向健康、营养、方便化发展，重点发展高档优质健康米、营养强化米、专用米、留胚米、米制食品、方便米饭、大米蛋白和以碎米为原料的果葡糖等，推进传统主食品生产工业化。深度开发米糠等副产品综合利用，规模化生产米糠油，开发白碳黑、谷维素、糠蜡、植酸等循环利用产品。

5.2 稻米加工机械向自动化、光电一体化、自主知识产权方向发展

充分发挥湖北粮油机械制造的优势，重点发展和应用高效节能型稻谷加工机组、新型高档优质大米大规模碾米设备、糙米调质设备及色选机等关键设备，实现稻米加工机械向自动化、光电一体化方向发展目标。

6 投资规划

6.1 项目建设规模

项目可采取流转土地方式建设生产示范基地 6 000 亩左右；采取整村推进方式，一村一品建设绿色水稻种基地 6.0 万亩。项目建成后，可年组织生产绿色水稻 30 000t，有机水稻 1 000t，年加工转化绿色大米 16 000t，有机大米 480t。

6.2 项目建设内容

土地流转项目区高标准建设优质稻种植示范基地 6 000 亩；项目采取整村推进方式，建设一村一品绿色水稻种植基地 6.0 万亩；项目建设日处理 300t 稻谷烘干车间 600m^2，购置农业机械化耕作、稻谷烘干、病害生物防治、质量检测等设备约 140 台（套）。

6.3 项目总投资概算

总投资 3 000 万元，其中建设投资 1 500 万元，建设期利息 50 万元，流动资金 2 000 万元。

7 效益分析

7.1 经济效益

高档优质米品质好、销路广，具有广阔的发展前景，具有较强的盈利能力和市场抗风险能力。项目建设期 1 年，投资回收期为 3.5 年。项目达产后，所得税后内部收益率为 30%~50%。

7.2 社会效益

该项目的实施，能直接提高农民种粮积极性，确保农民种粮收益，增进国家粮食安全；能向市场提供优质稻米新品种，满足市场需求；能提高粮食加工龙头企业的经济效益，促进湖北省由农业大省向农业强省的转变；能提高粮食加工科技水平，促进技术进步和相关产业的发展；能大大提高综合利用能力，对环境有利、对社会有利。

8 品牌建设

发展高档优质稻产业必须走品牌化发展道路，要积极打造自主优质品牌，促进稻米精深加工销售，加快优质稻产业发展。转变观念，切实强化品牌意识，抓好自身建设，完善质量标准，尽快融入优质米公共品牌建设，进一步提升稻米市场竞争力，实现粮食产业提质增效，努力开创湖北优质稻米产业振兴新征程。

8.1 树立品牌理念

企业是品牌开发主体，品牌是企业发展形象。一方面要增强忧患意识，树立品牌理念，另一方面要加强原料生产环节、产品加工环节的质量监控，在产品质量、品牌效益、规模优势等方面形成了自己独有的核心竞争力。有条件的要及时申报国家地理标志保护登记产品。

8.2 围绕市场创品牌

开拓市场是品牌开发的根本目的，开发品牌是开拓市场的有力武器。粮食产业之所以能够不断壮大，一条重要经验是既能利用品牌拓宽销售市场，又能根据市场需求的变化来调整品牌。企业可根

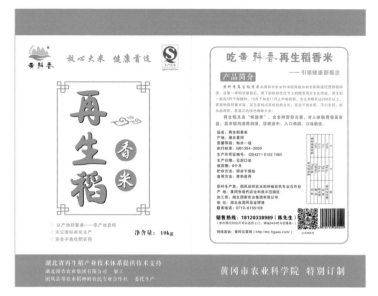

黄科香再生稻米包装袋定稿

据客户对不同口味的需要研发不同类型的健康优质大米，还可以研发出稻米饮料、米糠营养素、鲜湿米粉等新品牌，以满足不同层次、不同口味的消费者需求。

8.3 立足效益创品牌

品牌是一种无形资产，是一种潜在效益。在培育品牌、推介品牌的过程中，始终把效益作为第一考虑，围绕效益抓品牌，创出效益强品牌。企业需要进一步打造出自己核心产品的稻米精深加工及副产物高效综合利用的循环经济生产模式，进一步拉长公司产业链条，培育出新的经济增长点。

9 产业发展定位

立足湖北，辐射全国，通过专用品种专业化开发，实现"育繁推一体化、产加销一条龙"的产业化经营机制，争取三年时间在全省推广300万~500万亩，在黄冈市辐射推广应用面积30万亩以上，产业全省同行业领先；配套生产加工企业产值100亿元以上；高档优质大米公用品牌在全省地位突出。

黄科香生态香米包装袋定稿

作者简介

　　涂军明（1975—　　），汉族，湖北云梦人，2006 年 7 月加入中国共产党，1999 年 7 月毕业于华中农业大学农学专业，本科学历、硕士学位，正高职称、高级农艺师，中国科协九大代表，2016 年 5 月 30 日作为湖北省科技工作者代表出席了"全国科技三会"。毕业后一直在黄冈市农业科学院科研一线从事水稻新品种选育和农业科技推广与服务工作。现任黄冈市农业科学院副院长、省水稻体系鄂东南综合试验站站长。

　　"十一五"以来，作为黄冈市农业科学院水稻研究所科研骨干和课题主要执行人，参加并承担了国家和省部级课题共 50 余项，先后选育出金优 38、广两优 15 等 12 个水稻新品种，圆满完成了各项目和课题任务目标，并使得黄冈水稻育种在全省一直保持领先水平，特别是早稻和晚稻育种在全国具有广泛影响力。

　　邮箱：82967988@ qq. com

　　电话：13635852018

再生稻粮饲共建高优栽培项目

陈杰

再生稻是一种增加水稻产量、促进农民增收、缓解农忙与减轻劳作强度的新型高效种植模式。目前湖北省再生稻在黄冈、荆州、荆门等地市迅猛发展，湖北省 2018 年再生稻推广面积 300 万亩，其中黄冈地区有 100 多万亩，占 30% 以上。再生稻具有省工、省种、省肥、省药、省秧田等优势，其再生季不施农药，绿色安全，稻米口感好，再生稻米市场供不应求，价格普遍高于一般优质大米。再生稻发展面临三个主要个问题：一是头季稻品质较差；二是头季机收碾压损失率较大，再生季普遍产量不高；三是再生季抽穗灌浆、成熟度不一致，影响再生稻加工，整精米率偏低，碎米过多，提高了生产成本。再生稻粮饲共建高优栽培模式（头季作饲料、二季提质增产增收）能够有效改善这些问题。再生稻粮饲共建高优栽培模式是指头季稻在齐穗期收获，此时秸秆营养物质最丰富、产量最高，可用作鱼类、禽类和牛羊畜牧类饲料原料，效益不减；再生季由于低留桩收割，可显著提高再生季抽穗整齐度和产量水平，充分挖掘再生季优质、丰产潜力，最大化开发提升再生季稻米的产量和品质。这一模式作为一种新型优质高效生产模式，在现阶段粮食产能局部过剩的大环境下，具有一定的市场应用潜力。

1 立项条件

1.1 气候条件

湖北省生态气候、土壤以及水资源条件符合再生稻生产，是我国再生稻发展的优势区域，全省适合再生稻的种植面积达 800 多万亩。黄冈地区是传统的双季稻区，温光资源丰富，适合种植再生稻，蕲春、武穴、浠水、团风、麻城等地已形成一定的生产规模。

1.2 水源条件

水源充足、排灌方便、水质良好。场地附近最好有河流、水库、塘堰，排灌方便，要求进水便利，排水顺畅，确保抗旱排涝。附近水域最好养鱼，可以直接投放头季收割新鲜的稻秆当作饲料。

1.3 土壤条件

田块平坦开阔，适合机械化操作。

2 产业现状

再生稻是水稻的一种种植模式，在我国有着悠久的种植历史，可以追溯到 1 700 年以前。其特点是头季水稻成熟的时候会有一些腋芽，收割之后它们得到保留，在原有的根系的基础上，这批腋芽再次生长、抽穗，大约 2 个月后它们再次成熟，可以收割。统计表明，我国如今种植水稻的面积约为 3.7 亿亩，其中有 5 000 万亩的地区适合推广再生稻。目前我国许多地区如四川、重庆、福建、湖北、湖南都有大面积的再生稻种植。2016 年农业部出台的《全国种植业结构调整规划（2016—2020）》提出，在长江中下游地区、华南地区因地制宜发展再生稻，在西南地区发展再生稻。这个规划显示，再生稻发展前景仍然广阔。

湖北省生态气候、土壤以及水资源条件符合再生稻生产，是我国再生稻发展的优势区域，全省适合再生稻的种植面积 800 多万亩。近年来，在各级农业部门的重视、推广下，湖北省再生稻面积从 2013 年的 44.7 万亩增至 2018 年的 300 多万亩，其中黄冈地区有 100 多万亩，一批有市场发展的再生稻米品牌正在异军突起。蕲春建立了再生稻区域品牌"蕲春禾生米"，还有湖北香珍米业生产的"谷香珍情"禾生米、"泰米雄"禾生米，蕲春中建米业公司生产的"金浪牌天然禾生米"、蕲春县赤龙湖开发管理有限公司的"蕲米"、蕲春银兴米业公司生产的"蕲春禾生米"、赤东镇酒铺村再生稻种植专业合作社推出的"蕲谷儿"再生稻米，武穴市绿康再生稻合作社推出"一尖香"生态秧苏米。这些品牌不仅在市内享有盛誉，目前也销往武汉、广州、福州、东莞等地区，对再生稻品牌形象的建立起到了良好的推进作用。

丰两优香 1 号和甬优 4949 做再生稻的头季拔节期

再生稻粮饲共建高优栽培模式（头季作饲料、二季提质增产增收）重点在于最大化开发提升再生季稻米的产量和品质，打造黄冈优质再生稻米品牌，头季齐穗期收获的稻秆加工后作鱼、禽类和牛羊畜牧类饲料原料。

3 品种选择

水稻品种选择通过国家（含湖北区域）或湖北省审定，米质达到国标 3 级以上、头季生育期 135d 左右、抗性优、丰产性好、再生力强的品种。通过在黄冈市农业科学院、蕲春和团风县等试验多点联合试验，筛选出了两优 6326、丰两优香 1 号、新两优 223、天两优 616、C 两优华占、广两优 476、新两优 6 号、天优华占、Y 两优 1 号、准两优 527、甬优 4949、黄科香 1 号等高产优质、生育期适宜、抗病抗倒伏能力强、再生力强的适宜品种。目前，黄冈地区面积推广最大的是丰两优香 1 号、两优 6326 和新两优 223 这三个品种。

丰两优香 1 号和甬优 4949 齐穗期收割头季作饲料

4 关键技术

4.1 适时播种

再生稻在江汉平原和鄂中北地区不迟于 3 月 25 日，鄂东南最迟不迟于 3 月底。但再生稻粮饲共建高优栽培模式（头季作饲料、二季提质增产增收），能让播种期适当延迟到 4 月中旬，避开倒春寒，利于稻种早生快发。

4.2 培育壮秧

秧田期注意防治稻瘟病、青枯病和立枯病，移栽前喷施 1% 的尿素溶液作送嫁肥并打送嫁药，防好稻瘟病和稻蓟马。移栽秧龄 25~30d，叶龄 4~5 叶。

4.3 适当增大栽插密度

杂交稻每亩 1.5 万穴，1 万苗以上；常规稻每亩 1.5 万穴，5 万苗以上。对于漂苗漏苗插后 3d 及时扶兜补苗。

4.4 控制氮肥增施磷钾

籼型杂交稻氮肥每亩 10~12kg，磷肥每亩 5~7kg，钾肥每亩 8~9kg；粳型杂交稻氮肥每亩 13~16kg，磷肥每亩 6~8kg，钾肥每亩 10~12kg。氮肥基肥占 50%，分蘖期追肥占 25%，晒田复水后追肥占 25%；磷肥全部做基肥；钾肥基肥和晒田复水后追肥各占 50%。如施用再生稻专用套餐肥，籼型杂交稻头季每亩施基蘖肥 40kg，晒田复水后追施穗芽肥 25kg；粳型杂交稻头季每亩施基蘖肥 50kg，晒田复水后追施穗芽肥 35kg。

4.5 统筹防治重防两病

病虫害防治建议采用区域内统防统治，坚持"预防为主，综合防治"的原则，结合地方农技推广部门的病虫害预报预测和建议适期进行合理的化学防治。纹枯病重点在头季的幼穗分化期和孕穗期进行化学防控，每亩用井冈霉素 10~12.5g 或 1 000 亿活芽孢/克枯草芽孢杆菌可湿性粉剂 20g 对水叶面喷施。稻瘟病主要在幼穗分化期和破口期进行两次用药防治，每亩用春雷霉素 1.2~1.8g 或 1 000 亿活芽孢/克枯草芽孢杆菌可湿性粉剂 20g 或丙环唑 5~10g 对水叶面喷施。

4.6 早晒勤露后期干田

头季分蘖前期做到薄水返青、浅水分蘖，当每亩基本苗达到 16 万时开始晒田，晒田复水后湿润管理、勤灌勤露，孕穗期至开花期如遇高温应保持 5~8cm 水层以减轻高温危害。

4.7 再生施肥催芽提苗

再生季的催芽提苗肥在头季齐穗期施加，每亩尿素 7.5~10kg、氯化钾 5~7.5kg，追肥时保持 3~5cm 水层。再生稻粮饲共建高优栽培模式在头季齐穗期收获的稻秆营养物质丰富、产量高，此时收割鲜货用作鱼饲料，干货加工替代禽类和牛羊畜牧类部分饲料原料。再生季全程保持干湿交替灌溉，保持稻田湿润至成熟。

4.8 头季收割时期与留茬高度确定

2018 年在黄冈市现代农业科技示范园开展新模式的试验，选用市场上推广面积比较大的两个品种：甬优 4949、丰两优香 1 号，其中甬优 4949 是籼粳杂交的品种。12 个处理小区：丰两优香 1 号见穗期割+留茬 20cm，丰两优香 1 号见穗期割+留茬 40cm，甬优 4949 见穗期割+留茬 20cm，甬优 4949 见穗期割+留茬 40cm，丰两优香 1 号齐穗期割+留茬 20cm，丰两优香 1 号齐穗期割+留茬 40cm，甬优 4949 齐穗期割+留茬 20cm，甬优 4949 齐穗期割+留茬 40cm，丰两优香 1 号成熟割+留茬 20cm，丰两优香 1 号成熟割+留茬 40cm，甬优 4949 成熟割+留茬 20cm，甬优 4949 成熟割+留茬 40cm。

结果：丰两优香 1 号和甬优 4949 两个品种在"齐穗期割+留茬 20cm"这个处理下获得的秸秆干重最高、物质最丰富，适合作饲料；再生季稻谷产量显著提高；结实率、整精米率等也显著提升，整精米率由原来的 40% 左右提高到 70% 左右；成熟期较适宜，可以延迟播种和提前收获，能提前抢占稻米市场。

5 加工方向

再生稻粮饲共建高优栽培模式在头季齐穗期收获的稻秆，鲜货用作鱼饲料，干货加工替代禽类和牛羊畜牧类部分饲料原料。再生季稻谷加工成优质再生稻品牌稻米，具有米质优、绿色安全的优点，打造再生稻米品牌，碎米也可加工成再生粥米，针对部分有需求的人群。

6 投资规划

稻再生稻粮饲共建高优栽培模式具体投入如下。

6.1 水稻种子

水稻种子 1kg/亩，单价约 70 元/kg，合计 70 元/亩左右。

6.2 秧田费用

机械旋耕 2 次，100 元/亩；基肥复合肥 40kg/亩，约 140 元/亩；追肥尿素 10kg/亩，约 20 元/亩；除草剂和防蓟马药约 50 元/亩；人力约 100 元/亩；合计 410 元/亩。按 1 亩的秧田可以插 10 亩左右的大田，折换大田的话成本约 40 元/亩。规模合理扩大，实际平均费用会降低。

丰两优香 1 号再生季齐穗期
田间长势

甬优 4949 再生季齐穗期
田间长势

6.3 大田费用

头季：机械旋耕 2 次，100 元/亩；基肥复合肥 40kg/亩，约 140 元/亩；追肥尿素 10kg/亩，约 20 元/亩；追催芽提苗肥尿素 7.5~10kg、氯化钾 5~7.5kg，约 50 元/亩；农药费用（防螟虫、防飞虱和预防稻瘟纹枯病）约 100 元/亩；移栽人力费用、打药施肥人力、收割机费用约 400 元/亩；合计约 800 元/亩。规模合理扩大，实际平均费用会降低。

6.4 租地费

租地费 600 元/亩左右。

6.5 其他费用

稻谷烘干晾晒、搬运、仓库储存等费用约 100 元/亩。规模合理扩大，实际平均费用会降低。

6.6 稻米加工费用

再生稻米加工、包装、销售、人工、运输等费用约 100 元/亩。规模合理扩大，实际平均费用会降低。

7 效益核算

2018 年在黄冈市现代农业科技示范园开展再生稻粮饲共建高优栽培模式的试验，头季获得稻秆鲜重约 1.5t/亩，干重约 1t/亩能收益 500 元/亩左右；再生季稻谷 450kg/亩左右，按优质稻谷销售，市场价按 3.6 元/kg 左右，能收益 1 620 元左右；如果加工成再生稻米销售，米质优可卖 10 元/kg 以上，稻谷 450kg/亩左右，按60% 精米率计算，可碾米 270kg/亩左右，再生稻米能收益2 700 元/亩左右，但收益时间周期长、环节较多、成本加大、存在一定风险。

7.1 头季稻秆作饲料收益

现在市场上一般草鱼饲料价格在 3 000～3 500 元/t，正常情况下每亩投喂饲料 1t 左右。头季齐穗期收获的新鲜稻秆直接投喂鱼塘，替代部分鱼饲料，能够节省费用 200～300 元/t；市场上青贮玉米作牛羊畜牧类饲料价格大约 420 元/t，新鲜稻秆还可以代替青贮玉米，能够获利 200～300 元/t；干货加工替代禽类和牛羊畜牧类部分饲料原料，能够获利 400～500 元/t。头季收割稻秆鲜重 2t/亩左右，干重 1t/亩左右，经济价值 500 元/亩左右。

7.2 再生季稻米收益

再生季基本不打药、绿色安全，口感绵软清香，稻谷 450kg/亩左右，按优质稻谷销售，市场价按 3.6 元/kg 左右，能收益1 620 元左右。

如果加工成再生稻米销售，米质优可卖 10 元/kg 以上，稻谷450kg/亩左右，按 60% 精米率计算，可碾米 270kg/亩左右，再生稻米能收益 2 700 元/亩左右，但收益时间周期长、环节较多、成本加大、存在一定风险。

8 品牌建设

黄冈市农业科学院已注册公众品牌"黄科香"，目前主要用于黄冈市农业科学院优质稻米和再生稻的包装和销售，已在黄冈市及周边形成了一定的品牌效应。公司可选用"黄科香"公众品牌，也可自行注册商标进行推广。

蕲春建立了再生稻区域品牌"蕲春禾生米"，还有湖北香珍米业生产的"谷香珍情"禾生米、"泰米雄"禾生米，蕲春中建米业公司生产的"金浪牌天然禾生米"、蕲春县赤龙湖开发管理有限公司的"蕲米"、蕲春银兴米业公司生产的"蕲春禾生米"、赤东镇酒铺村再生稻种植专业合作社推出的"蕲谷儿"再生稻米，武穴市绿康再生稻合作社推出"一尖香"生态秧苏米。这些品牌不仅在黄冈市内享有盛誉，目前也销往武汉、广州、福州、东莞等地，对再生稻品牌形象的建立起到了良好的推进作用。

9　产业定位

第一，该模式只针对懂农技技术，大田生产管理经验成熟，设备齐全，能进行加工的大户。

第二，再生稻米绿色安全、米质优、口感好，新模式下能大幅度提高稻米的产量和品质，产量和品质得到保证后，联合大户建立黄冈优质稻米联盟，走可溯源的标准化生产，打造黄冈再生稻区域公共品牌，和电商平台联合，走订单农业，实现线上、线下销售，针对中高端人群提供安全、有营养、口感好的优质农产品。

第三，由稻秆粗加工作鱼、牛羊和禽类饲料原料，慢慢向联合化工企业进行深加工，提质增效。

10　主要风险

10.1　气象灾害风险

水稻是大田作物，容易受极端天气影响，如洪涝、严重旱灾、异常高温、冷害、寒潮、持续低温阴雨天气等灾情会导致颗粒无收。加强农业基础设施，增设排灌设施，遇到高温和低温，灌深水能减少损失。

10.2　病虫害风险

病虫害防治建议采用区域内统防统治，坚持"预防为主，综合防治"的原则，结合地方农技推广部门的病虫害预报预测和建议适期进行合理的化学防治。如遇到稻瘟病和飞虱高暴发的年份，防治不到位，会造成不可逆的损失，严重会导致绝收。防治不到位一般有下面三种情况。

（1）部分种植大户缺乏农业生产基本知识和农技人员，管理水平低下，病虫防治不到位。

（2）防治失时，在病虫大发生时，因劳动力缺乏，不能在适期内用药防控。

（3）预防病害存在侥幸心理，种植大户普遍防治1次的费用在数千元到数万元不等，而对于资本尚不雄厚的农户来说，是一笔不小的开支。

10.3　技术风险

10.3.1　水稻品种选择

选择适合黄冈地区的再生稻专用品种，选错品种会造成不可逆的损失。

10.3.2　病虫害防治

纹枯病、稻瘟病、稻田害虫二化螟、稻纵卷叶螟、稻蓟马、稻飞虱等发生规律不熟悉，防治不及时，会导致稻谷产量减低，稻米品质下降。

10.3.3　田间肥水科学管理

如肥水管理不好，稻谷产量减产和稻米品质降低，经济收入减少。

10.3.4　稻谷入库储存

稻谷入库储存要达到要求，如果晾晒或者烘干不到位，含水量高了，稻谷容易发霉，影响稻米品质。

10.4　市场风险

国内的大米市场，优质米的类型多样、品牌林立，竞争激烈。如知名品牌"福临门""金龙鱼"等纷纷推出"中高档米"产品线，一些小型品牌如东北大米、太湖大米等，以区域特色作为核心竞争力，国外的高端大米如日本大米、泰国香米等，凭借着新鲜的口感、进口的标签在中高档大米市场上占据一席之地，吸引着消费者。

黄冈市再生稻大米品牌建设的主体大都为农业合作社，缺乏专业的营销人员的指导，导致再生稻大米的品牌建设主题不清晰、营销机制也不够完善，没有明确品牌定位，品牌抵御风险的能力较弱，容易受到市场环境的影响。另外，中小型农业企业在建设再生稻米品牌时，资金投入缺乏科学性、内部管理缺乏风险应对机制，导致企业进行再生稻米品牌建设时风险应对能力不足。

11 小结

再生稻粮饲共建高优栽培模式（头季作饲料、二季提质增产增收）重点在于提高再生季稻谷的产量，提高稻谷整精米率和提升稻米品质，从而增收，其次稻秆粗加工作鱼、牛羊和禽类饲料原料，有一定的经济效益。

该模式主要适用于农业基础设施好、懂农技技术、有一定规模、有设备、能进行深加工、做再生稻稻米品牌、有订单有能力销售产品的大户和企业，但大田生产、仓库储存、稻米加工、市场销售等每个环节都存在着风险，需要谨慎！

作者简介

陈杰（1989—　　），2007—2011年华中农业大学，植物保护专业；2011—2014年，华中农业大学，硕士研究生，农业昆虫与害虫防治专业；2014 年至今黄冈市农业科学院水稻所，中级农艺师，副所长。

邮箱：cj153808184@ 126. com

电话：15672081666

大别山黄牛高效环保养殖项目

陈明新　　陶　虎

我国畜牧业的快速发展为肉牛规模养殖创造了良好的发展前景，如今肉牛规模养殖已经成为许多人创造经济效益的重要方式。但是从我国目前肉牛规模养殖中不难看出，其中仍然存在肉牛生长速度慢、效益低、回报周期长、污染大等问题。大别山黄牛高效环保养殖通过科学的管理、优质青贮饲料、发酵床养殖技术的使用，达到肉牛养殖效益好、健康无污染的目的。

1　立项条件

1.1　肉牛场选址

1.1.1　地势

从地势的角度考虑，牛场应选择在干燥、背风、向阳的位置，地下水位应在2m以下，牛场总体上应是平坦的，即使有坡度也应是缓坡，且北高南低，绝不能选择在低洼处或者低风口的地方建设牛场，以免污水排放困难，同时有效规避汛期积水等问题。

1.1.2　地形

从地形的角度上来看，选址时一定要选择开阔整齐的位置，形状应是规则的图形，如正方形、长方形等，而且要避免牛场过于狭长。

1.1.3　水源

在进行选址的过程中，一定要考虑到水源这一问题，所选择的位置应具有符合相关卫生标准的水源，并且应确保取水、用水的便捷性，从而切实保证生产以及人员生活用水的需要。在考虑水源的过程中，应对水质进行检测，确保水源当中不含有毒有害物质，从而保证肉牛的健康。

1.1.4 气候与社会联系

从气候因素来看，一定要对区域内的气候条件进行综合考虑，如该区域内部的最高温度、湿度、年平均降水量等，同时也需要对区域内的主风向等因素进行考虑，从而选择最有利的地势环境。牛场的周围饲料资源应是丰富的，并且要尽量避免与其他的牛场距离过近，从而有效避免原料竞争过于激烈等问题。

1.2 肉牛场规划

1.2.1 管理区

所谓管理区就是经营管理以及产品加工的区域。对该区域进行规划时，要充分考虑交通路线以及输电线路等因素，同时应集中考虑饲养饲料以及生产资料供应和产品销售等问题。如果在养殖场当中具有加工项目，则加工生产区应该独立规划，而不应将其与饲养区进行混合规划。在规划时，车库应设在管理区当中，管理区域与生产区域之间隔离，两者的距离应控制在50m以上，外来人员只可以在管理区域当中活动，运输车辆以及外来的牲畜不可以进入到生产区当中。

1.2.2 饲养生产区

在养牛场当中，饲养生产区是核心所在，所以对其的规划应是全面而细致的。饲养场的经营活动如果单一且专业，那么对于饲料、牛舍以及其他附属设施的要求也就比较简单。在实际生产的过程中，应根据肉牛的生理特点进行分舍饲养，同时按照具体要求设计运动场。与饲料运输相关的场所，应规划在地势较高的地点，同时严格保证卫生防疫安全的基本要求。

1.2.3 发酵床的使用

选用当地容易获得农作物秸秆、谷壳、花生壳、木屑等作为发酵床垫料，选用优质的发酵菌种以保证发酵床的成功率。加强管理，注意发酵床的水分、牛群密度，及时翻耙，保证发酵床处于合适的发酵状态，一般半年清理一次，每次清理一半的垫料。

2 产业现状

牛肉是人们日常消费的重要肉类产品，近些年，人们对牛肉产品的需求在逐渐提升。由于人口较多，所以我国已经成为牛肉消费大国，每年人均消费牛肉可达到 20kg。所以，如今的肉牛规模养殖有着良好的发展前景。

我国肉牛规模养殖是在最近几年刚刚起步，相应的养殖技术还有待提升。由于人们对牛肉的需求量正在不断增加，市场上则经常出现供不应求的现象，所以，牛肉在众多的产品中有着较高的地位。这对肉牛规模养殖来说是一个无法比拟的优势，可以在很大程度上促进我国肉牛规模养殖的更好发展。

牛肉在我国有着良好的发展前景，许多养殖户也看到了肉牛的巨大市场潜力，导致许多养殖户盲目地扩大肉牛养殖规模。养殖规模的盲目扩大，会导致养殖环境以及养殖技术等与现如今的养殖规模不符。不仅无法给肉牛的生长创造健康、良好的环境，而且还会在一定程度上对牛肉的质量造成影响。随之而来的就是养殖户的资金链出现问题，养殖成本不断升高。因此，养殖户在扩大养殖规模时，需要对自身的技术以及养殖环境等进行充分分析与研究。

我国肉牛规模养殖正处于起步阶段，经常会出现肉牛品种质量与大规模养殖情况不符问题。许多养殖户在肉牛品种的选择中缺乏合理性，例如，许多养殖户对肉牛的品种选择时都是凭借经验；还有许多仅凭养殖户之间的交流，没有采取科学合理的方法选择肉牛的品种。这些情况的产生，会造成肉牛质量较差，对我国肉牛规模养殖的发展产生制约。

3　品种选择

饲养肉牛品种选择大别山黄牛和西门塔尔牛。大别山黄牛为役用和役肉兼用型牛，是分布在长江北岸山区的南方耕牛品种，具有适应性强、耐粗饲、耐受高温、高湿、抗病力强等特点，是中国优良地方品种之一。西门塔尔牛原产于瑞士阿尔卑斯山区，并不是纯种肉用牛，而是乳肉兼用品种。但由于西门塔尔牛产乳量高，产肉性能好，役用性能也很好，是乳、肉、役兼用的大型品种。

4 关键技术

4.1 肉牛高效养殖技术

要使肉牛的增重速度提高，缩短生长周期，提早出栏，最关键的因素之一就是饲料要多样化，营养要均衡。日粮中缺乏某种营养物质，如缺乏矿物质、维生素，就会使肉牛的生长受阻，肉的品质下降，甚至会使饲养周期变长，使饲养成本有所提高。日粮中能量、蛋白质比例不适宜，也会影响日增重和肉的品质，如能量含量高而蛋白质水平低，虽然日增重高，但增重以脂肪为主，肉品质下降。日粮中蛋白质含量适宜而且品质较高，肉的品质也会提升。

牛饲料的品种众多，要使牛能达到最好的肥育效果，需要合理的搭配精料种类和配比，粗料细喂等。在农村小规模的养殖中，通常直接饲喂未经过加工的树叶、秸秆、藤蔓等粗饲料，粗饲料利用率低，日增肥较差。而在大规模养殖中，饲喂机械处理、碱化处理、氨化处理的粗饲料，肥育效果较好，能达到计划日增重。在冬季枯草期，青饲料不足的情况下，可利用禾本科牧草、青玉米、甘薯藤等搭配的青贮饲料进行补充，以满足肥育所需的营养需求。饲料以多样化为好，这样饲料成分可以相互补充，又提高了饲料的适口性。

目前，传统养殖模式在广东省湛江市应用最为广泛，有着分布分散，养殖数量少，难统一管理等缺点。在政府职能部门的引导下，为提升养殖效益，便于集中管理，大力发展肉牛养殖小区。将附近的养殖户进行整合，统一规划建厂，统一进料，统一销售，减少了养殖成本，大幅提升了养殖的经济效益，也吸引了更多养殖户参与，成为了当地的特色产业。

在养殖生产中，要根据肉牛的不同生长阶段、不同的品种类型进行肥育。目前，肉用牛的肥育方式，主要有四种，分别为犊牛肥育、育成牛肥育、架子牛肥育、成年牛肥育。生产中根据不同的肥育对象采取不同的肥育方式。选择初生重35kg以上健康无病、生长速度快的品种可以进行犊牛肥育，肉用公犊、乳用公犊、肉用淘汰母犊等也可以进行犊牛肥育，采用高品质的全价饲料进行全程肥育，这样生产出来的牛肉味道鲜美，营养价值高。对于 5 月龄断乳至 2 岁半左右的育成牛，则采用育成牛肥育的方法，充分利用其饲料利用率高，有较高的日增重的特点，提高育肥效率。对于架子牛，因其有着较大的骨架，未经育肥，体重未达到屠宰体重的公牛可以进行短期的肥育，提高肉用品质。对于成年役牛、奶牛中的淘汰牛，可以进行短期的肥育，改善肉的品质，提高其利用价值。

在精料配合的饲料中添加氨基酸、维生素等可补充日粮中的不足，增加肥育效果，缩短肥育周期。为增减牛的体重和产肉量可配合瘤胃素、黄体酮、睾酮、己烯雌酚等增重剂，可使牛对饲料的转化率得到提升，使牛增重提高 20% 左右。应注意使用和选择增重剂时，以不影响牛肉的品质和不损害人和牛的健康为前提。

4.2 发酵床养牛技术

4.2.1 牛舍建筑面积

每栋牛舍的面积根据存栏牛的数量而定，不设置运动场，一般按每头牛 $12 \sim 16 m^2$，两栋牛舍间距为檐高 $3 \sim 5$ 倍为宜。

4.2.2 牛床

将牛床的地基夯实硬化。在此基础上进行原位或异位发酵床垫料的铺设，确保垫料均匀，厚度在 50cm 左右。牛床地面比通道低 50cm。

4.2.3 牛舍大门

牛舍的大门应向外开启，不设台阶和门槛，以便牛自由出入；成年牛舍，门宽 $2.0 \sim 2.2 m$，门高 $2.0 \sim 2.4 m$；犊牛舍，门宽 1.5m，门高 $2.0 \sim 2.2 m$。

4.2.4 窗户

窗户设在牛舍开间墙上，可起到通风、采光、冬季保暖作用。北窗应少设，窗户的面积也不宜过大，但要保证夏季通风；南侧可适当多设窗和加大窗户面积，以窗户面积占总墙面积 $1/3 \sim 1/2$ 为宜。窗台距舍内地面距离 1.2m 以上，窗宽 1.2~1.5m，窗高 0.75~0.9m。

开放式牛舍，则不设计窗户，四周无围墙窗户，夏天利于通风，冬季采用塑料布遮挡。

4.2.5 屋顶与天棚

天棚，俗称顶棚、天花板，是将牛舍与屋顶下空间隔开的结构。其主要功能为冬季防止热量大量地从屋顶排出舍外，夏季阻止强烈的太阳辐射热传入舍内，同时也有利于通风换气。常将顶棚向两边延伸覆盖运动场区域，避免运动场内垫料淋雨受潮。顶棚也可采用透光玻璃瓦与复合瓦交替排布的形式，增加牛舍透光性，利于冬季保暖和水分蒸发。双列布置的牛舍檐高一般不低于5m；且随着牛舍跨度的增加，牛舍高度也需增加；屋顶斜面呈45°。

4.2.6 饲槽和饮水设施

在牛床前面设置固定的食槽，饲槽长度与牛床宽相当；食槽需坚固光滑，不透水，稍带坡，以便清洗消毒；为适应牛舌采食的行为特点，槽底壁呈圆弧形为好，槽底低于饲喂通道10cm。饮水池水位可升降，放置在牛栏外侧，避免饮水设施周边垫料湿度增加。

4.2.7 喂料通道

牛舍内饲喂通道宽度应满足饲喂机械操作的要求；单列式宽度2m；双列式位于两槽之间，宽度2.5m。

奶牛床场一体化垫床的日常维护至关重要，主要通过针对性地解决好水分是否适宜、牛粪是否和与菌剂充分接触、损坏垫料的及时更换等问题，组装出一套"床场一体化"牛舍垫床维护工艺。

4.2.8 水分控制

核心发酵层垫料的含水量控制在50%~60%（判断标准为用手紧抓一把垫料，有湿印不能滴水为宜），此含水率微生物繁殖最快，垫床的发酵效果最好。如含水量过高，增加翻耙频率，适当补充锯末谷壳等垫料。

4.2.9 添加活性成分

在冬季天气较冷、发酵不易启动等情况下可以适当添加红糖水和尿素水等活性成分，以利于发酵的顺利启动。在平时发酵强度降低时也可适当添加以增强发酵强度。

4.2.10 更换垫料

奶牛喜成群活动，导致牛床部分区域水分过大，若出现垫料板结、发臭，则不能使用，需将其清理，换上新的垫料。

4.2.11 垫料清理

垫料会因发酵而不断变少变薄，应及时补充垫料和发酵菌剂。垫料可定期或不定期清理作为肥料和饲料，一般半年可清理一次。

5 加工方向

肉牛主要以屠宰胴体销售为主，发酵床垫料清理后可加工为有机肥出售。

6 投资规划

从生态学观点看，牧草和农作物秸秆，以技术处理后养牛，通过其生物学功能转化为肉，成为能供人体直接消化的多种氨基酸，与其他利用方式相此，更具合理性和高效性。此外，通过养牛过腹还田，增加土壤有机质含量，提高地力，形成"牛多—肥多—粮多—秸秆多—牛多"的良性循环，能减轻畜牧业对粮食的依赖，属于高效环保养殖项目，投入高。

7 效益核算

资金投入，以一头牛的投入计算。

（1）购买一头架子牛150~300kg，价格6 000~9 000元；育肥期6个月，每天耗精料3kg，3元/kg，计9元，6个月计1 620元；草20kg，0.4元/kg，6个月1 440元；水电、防病、人工费等600元；周期投入3 660元，总投入9 660~12 660元。

（2）育龄牛体重达到450~600kg，销价30元/kg，总价13 500~18 000元。

（3）150kg牛育肥6个月的纯利润是13 500-9 660=3 840元，300kg牛育肥6个月的纯利润是18 000-12 660=5 340元。

所以，每头育肥牛盈利3 000~5 000元，100头牛利润为30万~50万元。

8 存在的主要风险

本项目的风险主要来自技术、疾病和市场三个方面。

8.1 技术风险

科学技术是提高养牛业生产水平的关键，有助于降低生产成本，提高饲料利用率，从而提高养牛业的经济效益。本项目涉及的技术领域有繁殖、配合饲料生产、肉牛饲养管理及育肥技术、疾病的防治技术。本项目所采用的技术均为成熟的先进技术，如同期发情处理、杂交利用等。采用过瘤胃蛋白体系配制日粮进行"架子牛"育肥、瘤胃代谢调控、粗饲料青贮—氨化处理技术，由具备掌握以上技术的专家实施，因此，基本不存在技术风险。

8.2 疾病风险

任何养殖业都存在疾病风险。在本项目的执行过程中，认真贯彻"养重于防，防重于治"的原则，做好预防工作，注射各类疫苗，如五号病疫苗，加强责任心，勤观察，发现疾病及时治疗。牛为大牲畜，抗病力较强，实行科学饲养管理可将疾病风险降至最低。

8.3 市场风险

牛肉为人们的日常食品，随着人民生活水平的提高和对食品保健作用认识的加强，牛肉的需求将逐渐增加，市场风险较小。但是，也不能忽视其市场风险，市场风险主要表现在以下三个方面。

8.3.1 饲料原料涨价

肉牛生产过程中，受国家宏观政策影响或自然灾害的影响，导致饲料原料涨价，从而引起生产成本升高，经济效益下降。若出现该情况时，可寻找低价原料代替高价原料，充分利用现代肉牛生产技术提高饲料利用率，从而降低饲料成本。

8.3.2 人们购买力下降

受国家政策或世界经济状况影响，人们购买力下降，导致产品滞销或优质不能优价。以目前我国政策而言，这种可能性极小。

8.3.3 外来产品的竞争

我国加入 WTO 后，随着关税壁垒的消失，牛肉产品承受着来自国外和省外的双重压力，面临着外来产品的竞争。因此，必须认真做好市场调查研究，生产适销对路的产品，以销定产，做好经营管理、产品创新，生产市场竞争力强的产品，把市场风险化解至最小。

9　小结

本项目的建设带动了农民发展养牛业，将促进农户利用草山草坡种草养牛，有利于防治水土流失。变废为宝，充分利用酒糟、秸秆养牛，避免了焚烧秸秆带来的环境污染。牛粪还田，增加了土壤肥力，利用牛粪种植食用菌，拉长了产业链。由此可见，生态效益十分可观。

综上所述，本项目社会效益和经济效益十分显著。

陈明新（1964—　），男，河南省鄢陵县人，湖北省草牧业工程技术研究中心主任，湖北省农科院草牧业创新团队负责人，研究员，享受国务院特殊津贴专家，湖北省新世纪高层次人才第二层次

人选。近 5 年主持国家、省部级课题 10 余项；获授权专利 5 项；其中发明专利 2 项；获湖北省科技进步奖二等奖 2 项、三等奖 1 项；发表科技论文 50 余篇，其中 SCI 论文 6 篇。颁布地方标准 7 项，参编书籍 5 部。兼任中国畜牧兽医学会理事，湖北省畜牧兽医学会常务理事、副理事长和湖北省牛奶业协会副会长。

联系电话：13807104106

作者简介

陶虎（1986—　），男，安徽合肥人，博士研究生，副研究员，中共党员，2014 年 6 月毕业于华中农业大学动物遗传育种与繁殖学专业，同年在湖北省农业科学院畜牧兽医研究所参加工作，主要从事家畜的遗传育种研究和技术推广工作。主持或参与国家自然科学基金、国家重点研发计划项目、湖北省科技厅重大专项等研究项目。发表论文 8 篇，其中第一作者发表 SCI 论文 5 篇（累计影响因子 18.13），具有较好的英文读写能力。申报发明专利 3 项；参与制定湖北省地方标准 3 项；获得湖北省科技进步奖三等奖 1 项（排名第二）。积极服务畜牧生产一线，提供精准扶贫技术支持，2016 年被选派为湖北省"第五批博士服务团"和"三区"科技人才，挂职罗田县畜牧局副局长，服务于罗田种草养羊精准扶贫和农业科技"五个一"精准扶贫行动；先后获得黄冈市第五批"博士服务团"工作先进个人和中共罗田县委"优秀扶贫工作者"称号，扶贫工作多次受到《农民日报》和《湖北日报》报道。2017 年至今兼任湖北名羊农业科技发展有限公司科技副总经理，助力企业发展成为湖北省肉羊养殖龙头企业。

邮箱：taohu1986@ hotmail. com

电话：15377651802

油菜花旅游观赏项目

李兴华

1 背景与意义

近年来，随着人民生活水平的提高，乡村旅游被越来越多的人所接受，到乡村去看美景、吃美食、体验农耕文化逐步成为一种时尚的生活方式。乡村旅游不仅为旅游者提供了一个身心放松的机会，也逐步成为农村发展、农业转型、农民致富的重要渠道。党的十九大报告提出的乡村振兴战略无疑成为乡村旅游发展的又一剂催化剂，乡村旅游业将会有更大作为，更大担当。

油菜花是初春季节的第一花，具有规模大、花色艳丽、花期长等特点，是初春季节旅游观花的首选对象。经过育种家的努力，目前形成了白花、橙花、紫花、红花等系列品种。油菜观花旅游可以利用这些彩色油菜花品种，搭配不同农作物，结合当地地理、历史和人文环境等设计图案，形成大型艺术画，大幅提升了观赏性和艺术性，吸引大量休闲观光游客，从而发展油菜花旅游经济。

2 典型油菜花海旅游经济简介

当前，中国很多地方依托油菜花海，举办油菜花节，大搞油菜花旅游经济，产生了较好的经济效益和社会效益，云南罗平、江西婺源、江苏兴化、青海门源等都是大家耳熟能详的油菜观花旅游胜地。据统计，云南罗平油菜花节期间接待游客 200 万人次，旅游综合收入 17 亿元左右；江西婺源油菜花旅游节期间综合收入 30 亿元左右，平均每天达到 1 亿元；2018 年江苏兴化举办"千垛菜花旅游节"，组织了旅游、经济、文化 9 个板块共 28 项活动，旅游节节庆活动硕果累累，旅游总收入 18.2 亿元，共达成签约项目 85 项，项目总投资 191.8 亿元。近年来，城市周边油菜花海也逐步得到发展，上海奉贤、重庆潼南、南京高淳等均依托大城市周边的独特地理位置发展油菜花种植，吸引周边城市旅游者，以较小的投入取得了巨大的经济效益。

云南罗平油菜花景

江苏兴化油菜花景

3 湖北油菜观花旅游情况

湖北省是我国主要的油菜种植区域，种植面积和产量长期以来均保持第一。近年来，油菜观花经济也逐步成为带动农民收入，促进乡村振兴的重要举措，各地争相举办油菜花节，取得不错的经济效益和社会效益。

武穴市是湖北省"双低"油菜种植示范大市，常年种植油菜40多万亩，素有中国"油菜之乡"的美誉。2013年，武穴市举行首届油菜花海垄上行活动，此后，活动一年一度，赏花游客每年以30%的速度递增，6年共引来游客170万人次，在全省乃至全国打响了"中国油菜看湖北 春来武穴看花海"赏花旅游品牌。目前，武穴市已经形成了大法寺万亩花海、余川山水花乡、大金梯级花田、万丈湖金色田野和长江黄金观赏带等多处特色各异的油菜花海观赏区。2018年，武穴市以花为媒，以油带游，共接待游客360万人次，旅游综合收入26亿元，连续5年增幅超过20%。2019年3月22日，武穴市举行第七届油菜花海垄上行活动，活动当天吸引了30多万人次前来赏花旅游，旅游综合收入2 000万元。

湖北武穴油菜花节

沙洋县是全国油料产业带的核心区和湖北最大的优质油菜生产

区，常年连片种植油菜超过 70 万亩。"江汉平原美如画，最是沙洋油菜花"，2019 年沙洋油菜花节接待国内外游客超过 100 万人次，旅游综合收入突破 5 亿元。

4 "如何留住人"是发展油菜花旅游经济的关键

油菜花种出来很容易，但如何"以花为媒"搞好观花经济不是一件容易的事情，而其中的关键就是如何留住人。只要人留下，就会产生吃、喝、玩、乐等消费，才会刺激经济发展。黄冈市的蕲春县刘河镇、团风县方高坪镇、浠水县兰溪镇、麻城市阎河镇、黄梅县蔡山镇等近年来也举办了一系列以油菜花海为主题的旅游节活动，但旅游者都是看完花就走人，基本没在当地消费，也就没有达到举办旅游节的目的。那么，云南罗平油菜花节是怎么留住人的？2019 年 2 月罗平油菜花节开幕，先后举办的活动有：在罗平菜花节主会场举办文艺演出活动、举行著名画家画罗平活动、举行"罗平之春"诗会、举行李浩仟文化扶贫慈善演唱会、举办罗平国际花海马拉松赛、举办云南罗平国际花海山地自行车节活动、举办小黄姜国际养生文化活动、举办罗平国际蜜蜂文化活动、举行彩灯文化艺术节、举办沪滇协作商贸洽谈及招商引资项目推介活动、在九龙瀑布群和多依河风景区举办民族民俗文化活动。整个活动从 2 月持续到 4 月，留住旅游者的不仅是罗平的油菜花，更是罗平的优美风景、风土人情、民族文化、音乐美食、社会活动等。所以油菜花只是个媒介，如何让人留下来就要看当地政府和相关组织怎么搭台唱戏了。

5 黄冈发展油菜花经济的优势

黄冈油菜种植面积大，规模效应明显。黄冈本地也具有丰富的旅游资源，只有充分利用好现有的资源，"以油带游"，才能更好地促进黄冈旅游经济的发展。

黄冈具有良好的油菜种植基础。黄冈市油菜种植面积常年维持在 280 万亩左右，是湖北省主要的油菜种植区，湖北省 35 个油菜保护区有 6 个在黄冈地区，千亩万亩连片的油菜种植区域很容易形成，可以实现油菜观花的规模效应。

黄冈市是红色、绿色、人文三元素旅游资源富集地。黄冈市拥有全国第一将军县红安县，1 017处革命遗址遗迹，是全国12大红色旅游基地之一；黄冈市拥有融雄奇险幽为一体的黄冈大别山世界地质公园；黄冈市拥有李时珍与苏东坡等文化名人带来的历史文化资源，佛教禅宗四祖、五祖发祥地的禅宗文化资源。现在，黄冈市拥有国家A级景区64个、位居全省第二，拥有省旅游强县4个，发展后劲十足。黄冈市只要将油菜花海建设与这些独特的旅游资源相结合，必定会收到很好的效果。

6 观花油菜利用技术

油菜观花旅游是利用油菜开花期间吸引游客观花旅游的行为，花期也是油菜生长发育的必经阶段，不需要额外的投入，油菜的种植按照正常的油菜种植技术即可。最近几年来，一些景区人为打造油菜花海来吸引顾客，取得了很好的效果，主要做法和技术主要包括以下四种。

6.1 打造图案

当前，经过育种家的努力，已经选育出了粉色、红色、白色、橘红色等不同油菜花色品种，可与各种文化和景色搭配，构造不同的造型，起到点缀作用，已成为亮丽地方旅游的一张名片。特殊花色油菜种子稀少，价格较贵，不宜大面积种植，适合作为修饰和点缀使用。

6.2 延长花期

适当地延长油菜花期可以增加油菜花旅游经济收入，据统计婺源油菜花期每延长 1d 就可以获得综合经济效益 1 亿元左右。延长油菜花期技术主要有：选用花期较长的品种、油菜采摘主茎增加分枝、适当增施肥料、营养液喷施等。

6.3 反季节观花

湖北地区可以在 2 月播种油菜，可以在 4—5 月欣赏到油菜花，此时正常播种的油菜都已经终花或即将成熟。

浠水兰溪城山寨油菜景观

武穴大金油菜花海

6.4 观花油菜模式配套

除了正常的观花收获籽粒外，观花油菜还有更多的配套模式。"观花-绿肥"模式就是在油菜终花后将油菜全株粉碎还田的做法，比较适合于贫瘠或者播期较晚，油菜籽产量不高的地区；"菜薹-观花-籽粒"模式就是利用油菜早播，争取菜薹年前上市，获取油菜薹收入，然后再观花并收获油菜籽粒的模式，该模式效益较高，亩直接收入 4 500 元左右，其中菜薹 4 000 元，菜籽 500 元；"菜薹-观花-绿肥"模式就是先获取油菜薹收入，油菜终花后直接全株粉碎还田的模式，该模式亩直接收入 4 000 元左右，还可以实现土地的养用结合。

7 发展建议

油菜观花旅游是利用现有油菜花吸引顾客发展旅游经济的一种行为。需要注意的是，欣赏油菜花只是吸引游客的一种手段，而最关键的问题就是如何留住顾客，让顾客消费才是产生效益的根本。因此，结合当地的旅游景点、民俗文化、名优特产、社会活动等特色产品和活动留住人才是最关键的。

常海滨（1981—　），男，硕士，高级农艺师，现任黄冈市农业科学院作物栽培研究所所长，一直从事油菜等作物高效轻简栽培技术研究工作。目前，担任国家油菜产业技术体系黄冈综合试验站站长，主要从事以"油菜全程机械化生产"和"油菜多功能利用"技术为主的油菜全产业链绿色高产高效生产技术的研究和示范工作。

邮箱：chang100362@163.com
电话：13277033653